PEAK MEM
CHIP WARS

La guerra fría tecnológica mundial. EEUU vs China.

FELIX MORENO ARRANZ

Título: Peak Memory 2 Chip Wars, la guerra fría tecnológica mundial, EEUU vs CHINA
 felix@felixmoreno.com
Diseño, portada, maquetación, edición Felix Moreno Arranz.
Recursos gráficos: Pixabay algunos remezclados por Javier Llinares.
Revisión: S. Ruiz y la comunidad de Relatos Colapsistas.
Edición original Noviembre 2020. Revisión Marzo 2021.
Hecho con Libre Office 7.0.3, Kolour Paint 20.08, Ubuntu 20.10.
ISBN: 9798567242865

"Un golem no puede dañar a un ser humano, ni permitir por inacción que un ser humano reciba daño, A Menos Que Reciba Órdenes Para Hacerlo Por Parte De Una Autoridad Debidamente Reconocida"

Señor Pistón 19, golem. Terry Pratchet.

INTRODUCCIÓN

El siglo XXI empezó siendo 100% tecnológico, y probablemente acabe 0% a diferencia del siglo XX que fue al revés. Ya he hablado sobre estas cosas en mis libros Relatos Colapsistas y Peak Memory con lo que en este libro me voy a centrar en la guerra por el control mundial de la tecnología. Una guerra fría que lleva décadas llevándose a cabo pero que es últimamente cuando resulta más aparente, exactamente cuando Estados Unidos ha encontrado un rival que pone en peligro su hegemonía, China. Hasta ahora los otros contrincantes, Corea del Sur y Taiwán, no sólo no ponían en peligro su hegemonía, sino que eran aliados fieles que cumplian a pies juntillas las órdenes que Estados Unidos les daba. De hecho habría que remontarse hasta 1986 para que EEUU tuviera otro contrincante que fue Japón y que fue pertinentemente anulado. Contaré en este libro cómo hemos llegado aquí y hacia dónde vamos y los tejemanejes de gobiernos, embajadas, inversión público privada y mucho juego sucio en lo que he venido a llamar las CHIP WARS. Este libro continúa el trabajo que empecé con el libro PEAK MEMORY, con lo que recomiendo tener ambos, este es sobre todo la saga de CHIP WARS, pero también **incluye nuevos episodios de El fin de la memoria 5, 6 y 7 y una revisión de las partes 1, 2, 3 y 4.** Espero que le guste. Por cierto al final del libro hay artículos publicados en mis otros libros relacionados con tecnología, los he puesto aquí porque primero en el nuevo formato de mis libros sin tanto dibujito tengo más espacio para llenar con texto y era una lástima dejar sagas incompletas y sacar un libro con 100 páginas si el sistema me ofrece 200 páginas. Esto es algo que voy a ir haciendo con regularidad, en vez de sacar un libro con 100 páginas aprovechar y meter las sagas enteras revisadas y actualizadas con cada nuevo libro, espero me disculpe el lector.

Dedico este libro a Susan,
por compartir su existencia conmigo.

ÍNDICE

1. CHIP WARS 1
TAIWÁN V.1.4

Si tuviera que elegir un punto débil o un lugar que sea vital para la actual sociedad de la información, la respuesta sería La República de China, más conocida como Taiwán. En esta isla del pacífico se fabrican las piezas más pequeñas que jamás la humanidad ha hecho para luego formar parte de lo que se conoce como un microprocesador. El microprocesador es el corazón de cualquier ordenador, coche actual, televisión, red de telecomunicaciones y casi cualquier aparato de alta tecnología actual. Y además su fabricación es tan complicada y costosa que sólo una o dos empresas en el mundo son capaces de hacer tal proeza (además de tener las patentes etc para impedir que otros hagan lo mismo), a día de hoy TSMC en Taiwán y Samsung en Corea del Sur. Ni China, ni Estados Unidos, ni Rusia ni ningún país de Europa pueden hacer lo que estas 2 empresas pueden, procesadores y memorias con tecnología del tamaño entre 3 y 7 nanómetros.

Si Taiwan cayese por ser conquistado por China, o por algún temporal, o catástrofe y la empresa TSMC no pudiese fabricar semiconductores durante unos meses, todo occidente se quedaría fuera de combate y habría que viajar al pasado y simplificar los ordenadores para que fuesen más lentos e hiciesen menos cosas. Todo esto lo saben los estados de todo el mundo que luego explicaré qué medidas están tomando pero... hablemos de Taiwán.

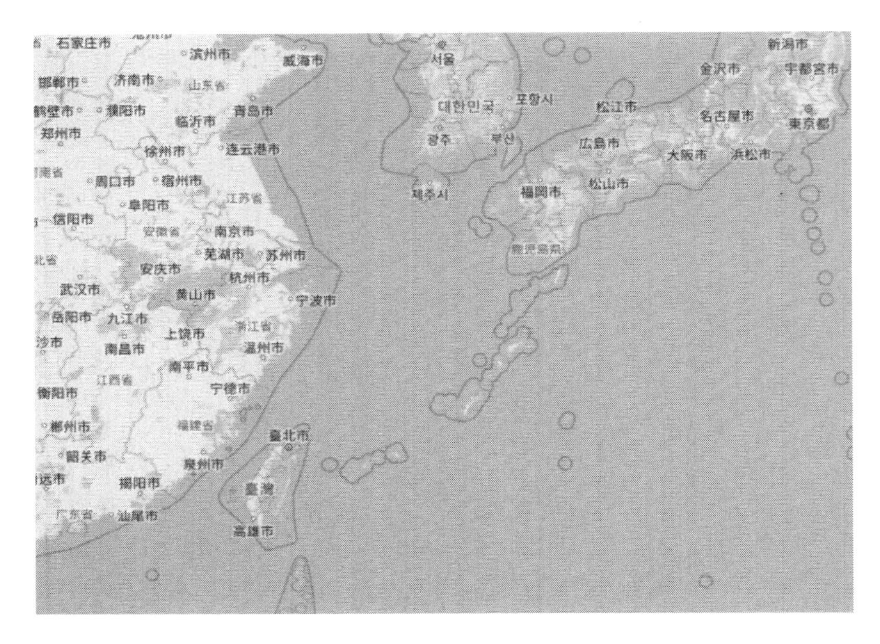

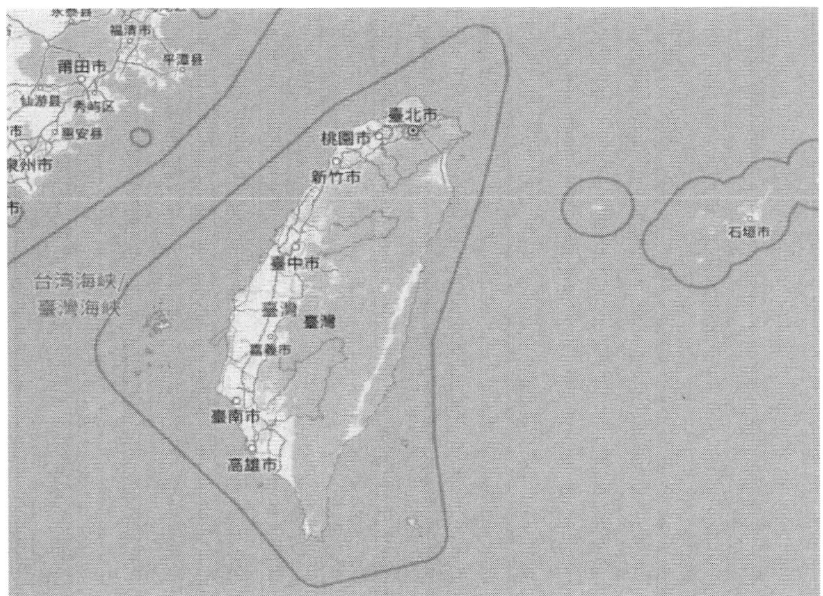

© Open Street Maps

Taiwán o la República China, es una isla que está literalmente a la misma distancia de Japón que de China, aunque no lo parezca, pero Japón tiene una isla que se llama Yonaguni que he marcado en este otro mapa que está al lado de Taiwán. Algún día me gustaría conducir todas esas islas japonesas desde Tokyo hasta llegar a Taiwan.

Todo empezó cuando la isla era habitada por los pueblos marineros del pacífico hace miles de años...después en el siglo 12 los pescadores chinos empezaron a establecer allí bases Después en el siglo 15 con la expansión de occidente acaban por allí la Compañía Holandesa de las Indias, los portugueses que llamaron a la isla Formosa, Isla Hermosa, y también fue parte del reino de España durante 20 años. Después fue parte de Holanda, y de nuevo de China todo esto como digo en el siglo 15... En el 17 los franceses aparecieron por ahí, luego otra vez China y en el siglo 19 llegaron los japoneses, ahí es nada. Japón hizo un esfuerzo muy grande por "japonizar y desarrollar" la isla, con casi medio millón de colonos, hizo redes de ferrocarril, y en parte eso explica el gran desarrollo que tuvo después , y por supuesto como siempre en la historia había mucha violencia contra los que estaban allí antes. Más información sobre la isla que no el país aquí.[1]

La historia actual de Taiwan es también muy curiosa, después de la segunda guerra mundial Japón perdió esta isla que fue a parar a la República China, posteriormente cuando en China la revolución comunista se hizo con el poder, los poderosos de la China anterior se refugiaron en Taiwan manteniendo allí la República de China en contra de la República Popular de China, lo que conocemos como China ahora. Puedes leer mas info en la wikipedia sobre la actual Taiwán.[2]

Este estado Taiwanés al igual que los anteriores moradores una y otra vez, tiene un pasado muy oscuro de asesinatos, sometimiento y persecución de la población con una Ley Marcial que duró desde 1948 hasta 1987. Este estado autoritario y los intereses de Occidente en la zona , sobre todo de Estados Unidos, más el proceso que inició Japón de industrialización, permitió un desarrollo tecnológico que han convertido esta isla en el corazón de la tecnología mundial. Sin ciudadanos que se cuestionen nada o que puedan hacerlo, las empresas privadas han hecho y deshecho en esta isla a sus necesidades, su fiscalidad es útil para tener una especie de paraíso fiscal en la sombra. **Es interesante cómo el corazón de**

---

1 https://es.wikipedia.org/wiki/Isla_de_Taiw%C3%A1n#Historia
2 https://es.wikipedia.org/wiki/Rep%C3%BAblica_de_China#Geograf%C3%ADa

la tecnología del mundo no tiene porque ser una democracia, o respetar los derechos humanos, que no me refiero al actual presente que "se supone" ya no es como antes, pero como reflexión, al igual que el otro corazón de la actual sociedad del petróleo, los países árabes tampoco lo son o lo han sido. Si lo piensas el planeta entero legitima estos estados a cambio de lo que tienen.

Desde entonces hay países que lo reconocen como país, (sobre todo los que reciben ayuda humanitaria de la misma Taiwán que son pocos) la inmensa mayoría no, Occidente y China se disputan esa tierra.... Japón sin embargo parece que ya no tiene interés. El interés de EEUU financió el crecimiento de este país, de hecho la moneda se llama nuevo dólar taiwanés. Algo parecido pasó con Corea del Sur. Estados Unidos tiene un poder de facto de veto y control sobre la economía taiwanesa donde se fabrica mucha de la tecnología que usa Estados Unidos. A cambio protege la isla para evitar que China o Japón se hagan con ella. En fin toda esta intro era para que pongáis el país en el mapa. Ahora toca hablar de procesadores del siglo 21.

En Taiwán como dije al principio, está **TSMC**, o **Taiwan Semiconductor Manufacturing Company**, y es la mayor empresa de semiconductores del mundo. También es cuna de **UMC**, una empresa pionera en esto pero que con el tiempo se ha ido quedando atrás en I+D, recordemos que dice la wikipedia sobre UMC.[3] UMC a diferencia de TSMC tiene fábricas en China de alta tecnología (TSMC tiene fábricas con maquinaria muy desfasada en China), algo que en el futuro podría jugar a favor de este fabricante en las CHIP WARS.

"UMC fue la primera fundición en producir chips en obleas de 300mm, en emplear materiales de cobre[4] en las obleas, en vender circuitos integrados fabricados en 65 nm y en producir chips usando procesos de 28 nm.[2] También fue la primera compañía taiwanesa en ofrecer servicios de fundición y la primera empresa de semiconductores que cotizó en la Bolsa de Taiwán en 1985. La compañía también es conocida por haber producido los chips que fueron usados en los primeros famiclón,[5] clones de la Nintendo NES[6]"

Pero volvamos a **TSMC**.

3 https://es.wikipedia.org/wiki/United_Microelectronics_Corporation
4 https://es.wikipedia.org/wiki/Cobre
5 https://es.wikipedia.org/wiki/Famicl%C3%B3n
6 https://es.wikipedia.org/wiki/Nintendo_NES

Esta empresa es de las pocas, por no decir la única que ya puede fabricar chips de 5 nanómetros (incluso 3nm pronto), si recordáis mis artículos de El fin de la memoria 1 Peak Computing[7] ya en la guerra por los 7nm casi todos los países del mundo se estaban quedando atrás. Intel el rey de toda la vida de procesadores americano se está quedando atrás en la capacidad de fabricación de microprocesadores y casi todo el mundo, literalmente casi todo el mundo acaba fabricando microprocesadores en Taiwan, concretamente en TSMC.

Y cuando digo todo el mundo me refiero literalmente, EEUU obviamente, pero también los procesadores chinos, europeos? y rusos se fabrican allí. Se diseñan en sus respectivos países pero cuando llega la hora de la verdad y toca convertir el diseño en algo físico por ahora debes acabar en TSMC. En TSMC se fabrica las cosas de EEUU Y CHINA, lo de Apple, Applied Micro Circuits Corporation, Qualcomm[8], Altera, Broadcom, Conexant, Marvell, NVIDIA, AMD y VIA, incluso Intel incapaz de fabricar ciertos tipos de chips externaliza la producción en esta empresa Taiwanesa.

Pero claro, China está ahí, y desea tarde o temprano hacerse con el control de esta isla. Por cierto en El fin de la memoria 5, peak de las máquina que hacen máquinas[9] hablo de las máquinas holandesas que usa TSMC para obrar el milagro.

Esto nos lleva a la batalla por el 5G. En 2020 una extraña batalla tecnológica se llevó a cabo, el motivo fue quien fabricaba la tecnología de la nueva red de telefonía 5G. Básicamente había 2 empresas luchando entre sí, la americana Qualcomm, que fabrica en Taiwan, o la china Huawei… que también se fabrica en Taiwan. Yo no sé, aunque intuyo que puede tener que ver con el espionaje de las comunicaciones internacionales, pero esto se ha convertido en una guerra fría entre EEUU y China, y ha pasado 2 cosas curiosas. La primera es que gracias a la presión de EEUU a Taiwan, legalmente por temas de patentes, y más bien por otro tipo de vías, mediante la presión internacional y embargos tecnológicos, EEUU consiguió que la empresa China HUAWEI dejase de fabricar procesadores en la isla de

7 www.felixmoreno.com/el-fin-de-la-memoria-1-el-futuro-de-la-informatica-PEAK-COMPUTING/
8 https://es.wikipedia.org/wiki/Qualcomm
9
felixmoreno.com/es/index/127_0_el_fin_de_la_memoria_5peak_de_las_mquinas_que_hacen_mquinas.html

Taiwán. Si en China pudieran fabricar chips como los que fabrican en Taiwan, no habría problema.... salvo porque en China no tienen esa capacidad todavía, con lo que Huawei probablemente deje de fabricar móviles, ordenadores y estaciones de 5G con microprocesadores de última generación. Por ahora Huawei pasará de fabricar procesadores de 5-7 nm en Taiwán a 14 nanómetros en China en la empresa SMIC, es decir ha viajado al pasado tecnológicamente. No obstante que en China ya se pueda fabricar tecnología de 14nm es una prueba de que están haciendo los deberes y poco a poco intentarán reducir sus chips. Obviamente China al igual que Rusia y otros países tarde o temprano quieren tener el control de la fabricación de chips de 3-5-7 nanómetros sin tener que pasar por países controlados por EEUU, y tienen 2 opciones, conquistar Taiwan o fabricar sus propios chips, algo que está siendo terriblemente costoso además de luchas siempre con EEUU que hará todo lo posible para que ese día no llegue. Entonces fijaros lo importante que es esta isla para el futuro de la tecnología mundial, obviamente esto tarde o temprano generará problemas de suministro como ya lo ha hecho para la China Huawei como predije en mis textos de El fin de la memoria, pero es más en Mayo de 2020, Estados Unidos para curarse en salud, ha convencido a TSMC para que haga una fábrica de chips ed 5 nm en suelo estadounidense. Exactamente se invertirá 12.000 millones de dólares en una fabrica en Arizona.[10] Obviamente EEUU no quiere que la inestabilidad futura en la zona les deje sin algo que a día de hoy no tienen capacidad de producir, al menos en parte. Todo esto para poder fabricar chips de 5nm en EEUU para aproximadamente 2023, fijaros lo importante que es la potencia que dan estos procesadores y estratégicamente lo serio que es el asunto y el no poder fabricar tecnología de 5nm en tu país por muy superpotencia que sea. China también en Mayo de 2020 hizo lo suyo invirtiendo con el programa Made in China 2025[11] a través del China National Integrated Circuit Industry Investment Fund y el Shanghai Integrated Circuit Industry Investment Fund han invertido US$2 billones en la empresa SMIC que como dije antes por ahora fabrica ya en China chips de 14nm pero que con estas inversiones esperan evolucionar rápido su tecnología nacional. El objetivo para 2021 era ir a por los chips de 7 nm o menos, algo que obviamente EEUU intentó boicotear. Como siempre es

10 https://www.wsj.com/articles/taiwan-company-to-build-advanced-semiconductor-factory-in-arizona-11589481659?mod=djemalertNEWS
11 https://en.wikipedia.org/wiki/Made_in_China_2025

curioso como EEUU prefiere comprar a quien compite con ellos respecto a China que fundar o mejorar sus propias empresas. Por cierto la taiwanesa TSMC es propietaria del 10% de la china SMIC gracias a unas denuncias sobre violación de patentes que acabaron cuando SMIC dio a TSMC este pellizquito de la emrpesa. En 2021 sólo se podía fabricar chips de 3-5-7 nm en Taiwán y Corea del Sur (TSMC y SAMSUNG). En europa STM fabricaba chips de 65nm. (Aunque en Europa se fabricaban las máquinas que obraron el milagro taiwanes). Como dicen en mi tierra, aqui el mas tonto hace relojes… o microprocesadores.

En septiembre de 2020 EEUU inició una campaña contra el fabricante chino SMIC, la única competencia mundial respecto a los chips taiwaneses como dije en el artículo. Básicamente están amenazando con meterles en la lista negra llamada "*Entity List*"[12]. Esto pasa después de que la empresa Huawei fuese también metida en esa lista impidiendo que accediera a procesadores taiwaneses y justo cuando esta misma empresa dijo que usaría los procesadores de SMIC. Parece que la guerra por los procesadores no ha hecho más que empezar, nos vemos en CHIP WARS 2. Todo esto en el fondo acabará afectando a las empresas de microchips americanas, pero todo eso ya lo veremos en los próximos Chip Wars, mientras SMIC y Huawei están empezando seriamente a diseñar sus propios procesadores que no serán ni ARM ni x86, cuyas patentes controla el gobierno americano, esto curiosamente creará nuevos ecosistemas tecnológicos incluso con la que está apunto de caer en la década de 2020 a 2030.

12 https://en.wikipedia.org/wiki/Entity_List

2. CHIP WARS 2

ARM, PROCESADORES Y PROPIEDAD INTELECTUAL V1.2

Voy a intentar que este artículo sea lo más entendible para alguien ajeno a los ordenadores, aunque es complicado, pero lo voy a intentar. En el mundo de los ordenadores y trastos con ordenadores su corazón siempre es el microprocesador. Hemos hablado de ellos ya en varios artículos pero no viene mal recordarlo. Este corazón de los trastos tecnológicos no tiene porqué ser igual para todos. Cada uno usa su propio tipo de corazón, pero al final en todo el mundo casi todos usan para este corazón o procesador los diseños de dos o tres empresas. Los tipos de corazón o procesador más comunes son:

X86

ARM

POWERPC

RISC-V

MIPS

X86 - Es el procesador de toda la vida que llevan nuestros ordenadores, es propiedad de la empresa americana Intel, pero también pueden fabricar este tipo de procesadores AMD y VIA, por temas históricos de licencias de propiedad intelectual. El control sobre la propiedad intelectual de Intel ha impedido que más empresas puedan fabricar este tipo de procesador y ha usado todo tipo de técnicas monopolísticas desde los años 70 para evitar tener competencia. Usa instrucciones CISC.

ARM - Es un diseño de procesador hecho por una empresa originalmente inglesa. A diferencia de Intel, ARM ganaba dinero vendiendo sus diseños de procesadores a otras empresas y fabricantes, con lo que sobre todo ha licenciado la tecnología y hay muchas empresas, como Apple (USA) , Nvidia (USA), Huawei (CHINA) que han podido usar esta tecnología. También uno de sus puntos fuertes ha sido que su objetivo era procesadores que consumieran poco que al final es a donde está el mercado de móviles, portátiles etc. A día de hoy casi todos los móviles y aparatos de red usan este tipo de procesador. En 2020 se anuncia la compra de la americana NVIDIA de esta empresa con lo que pasará a ser 100% americana. Gracias a esta estrategia comercial de no monopolizar sino invitar a todo el planeta a usar su tecnología propietaria su expansión es imparable y pronto hasta los ordenadores de casa usarán ARM, apple ya a dicho que para 2021 se pone a ello… al menos hasta que en 2020 EEUU a través de la empresa NVIDIA ha adquirido ARM. Usa instrucciones RISC.

POWERPC - Este tipo de procesador lo inventó IBM empresa americana, y se usó para ordenadores Apple hasta hace unos años, para videoconsolas como GameCube, Wii, PlayStation 3, Xbox 360 y Wii U. También ha sido muy usado en servidores de alta potencia de IBM. Su objetivo era competir con X86 que controlaba Microsoft e Intel y que estaban monopolizando todo el mercado. Últimamente ha caído en desuso porque IBM y otras han empezado a apoyar RISC-V, pues están cansados de las guerras de patentes en los procesadores.

RISC-V - (pronunciado "Risk-Five") Esta arquitectura para los corazones de nuestros móviles y ordenadores es relativamente nueva, y surge como alternativa sin derechos de autor y con los ideales del software libre, es decir sin tener que pagar a nadie por usar la tecnología y con licencias que impidan a países controlar su uso. Surge ante la obvia realidad en la que por un lado Intel con X86 no deja que nadie más fabrique su tecnología, y ARM o MIPS, que aunque licencia su tecnología, es propietaria de la propiedad intelectual, cobra por ello, y además llegado el momento puede impedir a cierta empresa o país fabricar procesadores en una guerra fría y sucia tecnológica. Una lista parcial de organizaciones que apoyan la Fundación RISC-V incluye: AMD, [14] Andes Technology, [15] BAE Systems , Berkeley Architecture Research, Bluespec, Inc. , Cortus , Google , GreenWaves Technologies, Hewlett Packard Enterprise , Huawei , IBM , Imperas Software, Instituto de Tecnología de Computación (ICT) Academia China de Ciencias , IIT Madras , Lattice Semiconductor , Mellanox Technologies , Microsemi , Micron Technologies , Nvidia , NXP , Oracle , Qualcomm , Rambus Cryptography Research , Western Digital , SiFive y Raspberry Pi Foundation.[7][8][9]10

MIPS - Estos procesadores se han usado en dispositivos para Windows CE; routers Cisco; y videoconsolas como la Nintendo 64 o las Sony PlayStation, PlayStation 2 y PlayStation Portable. Más recientemente, la NASA usó uno de ellos en la sonda New Horizons[1] . Es o era una empresa americana, que últimamente no le ha ido muy bien, pero que sigue diseñando procesadores para el internet de las cosas entre otras.

Pues ya conocéis los contrincantes de la CHIP WARS mundiales. Estos corazones que dan vida a la tecnología son los que están ahora mismo sobre la mesa internacional en la guerra de los procesadores. Parece que en lo que se refiere a uso donde siempre había dominado X86, la tecnología ARM ha conseguido ganar la batalla de los móviles, tablets y todo tipo de electrodomésticos. Esto nos lleva a que EE UU que controlaba muy bien X86 haya tenido que hacer movimientos para hacerse con ARM y su fabricación. Como contaba en Chip Wars 1, Taiwán[13] la fabricación de chips sobre todo del tipo ARM se realiza en Taiwán y Corea del Sur, por eso EEUU ha dicho a la empresa TSMC de Taiwán que monte fábricas en EEUU para tener más controlado el suministro. Por otro lado también decía que gracias al control de la propiedad intelectual en la fabricación de microchips, EEUU había conseguido que Huawei no fabricase en Taiwan y

13 https://www.felixmoreno.com/es/index/111_0_chip_wars_1taiwn.html

se tuviera que conformar con tecnología obsoleta china.

Ya en 2019, EEUU intentó que Huawei no fabricase procesadores ARM que son la mayoría de los procesadores para teléfonos. ARM memo tells staff to stop working with China 's tech giant[14]. Se basaba en que la tecnología ARM tenía patentes americanas y por eso podía según sus leyes impedir que Huawei encargara procesadores con esta arquitectura, lo que dejaría a Huawei fuera de juego. No obstante en un interesante juego legal, resulta que originariamente la tecnología ARM había sido inventada en Reino Unido con lo que Huawei no podía ser "baneado" por EEUU sobre tecnología que no había sido inventada en EEUU ni la empresa era americana en origen. ARM continuará proporcionando a Huawei nuevos diseños para sus procesadores[15]. EEUU no se rindió y en 2020 bloqueó a Huawei en Taiwán, donde la empresa TSMC fabrica los chips con tecnología ARM. Por otro lado EEUU también consiguió que en Corea del Sur no le fabricasen pantallas, otra vez paras intentar que el mayor fabricante de móviles chino no hiciera sombra a empresas americanas. De todo esto hablo en Chip Wars 3 - China y Huawei. Un último movimiento desde mi punto de vista por parte de EEUU fue el de adquirir completamente la empresa ARM a través de la empresa americana NVIDIA por 30.000.000.000 de dólares. ARM que era medio inglesa-americana medio japonesa desde que la compró SoftBank hace unos años ahora pasará a ser americana al 100%. En principio oficialmente será para que NVIDIA mejore su tecnología en chips de Inteligencia Artificial, pero yo y supongo que otros analistas pensarán, tengo la sospecha de que esto puede acabar con el sistema de licencias de ARM y acabará prohibiendo la fabricación en China de procesadores ARM en su fábrica de SMIC. Obviamente niegan esto desde NVIDIA.

---

14 https://www.bbc.com/news/technology-48363772
15 https://hipertextual.com/2019/10/arm-huawei-disenos-chips

3. CHIP WARS 3
CHINA HUAWEI Y SMIC V 1.3

Pues ya ha llegado la hora de hablar del púgil que tiene a Estados Unidos entre las cuerdas tecnológicas. El lobo que tiene aterrado al universo tecnológico americano y contra el cual lleva décadas luchando para que no aprendan a hacer procesadores. Porque la historia de China y la tecnología no viene del año pasado, y las Chip Wars que estoy narrando, Estados Unidos hace mucho tiempo que no desea que ciertos países tengan la capacidad tecnológica suficiente como para hacerles sombra tecnológica, sobre todo China. Y es que los procesadores son una parte importante del negocio empresarial americano, y además con procesadores se hacen armas tecnológicamente letales como drones, cazas, o misiles antiaéreos.

China estuvo hasta cierto punto aislada comercialmente y tecnológicamente hablando hasta entrado el siglo 21. Cierto es que el Made in China o Made in R.P.C era ya un habitual de los todo a cien y los juguetes baratos, pero en lo que a tecnología se trataba las cosas se fabricaban en unos desconocidos países llamados Taiwán, Hong Kong, o el lejano Japón. No fue hasta 2001, cuando China entró en la WTO , la organización mundial del comercio cuando pudo por fin acceder al mercado internacional de tecnología y poder comprar por ejemplo procesadores para fabricar aparatos electrónicos de última generación como ha hecho hasta ahora. En la siguiente gráfica se puede ver cómo a partir de 2001 la inversión en ciencia y tecnología se disparó en el país asiático. Hasta ese momento al igual que la mayoría de países, China importaba la tecnología de países como Taiwán o Hong Kong.

Figure 2: PRC Government S&T Expenditures and S&T Expenditures as a Percentage of All Government Expenditures (1980-2008)[20]

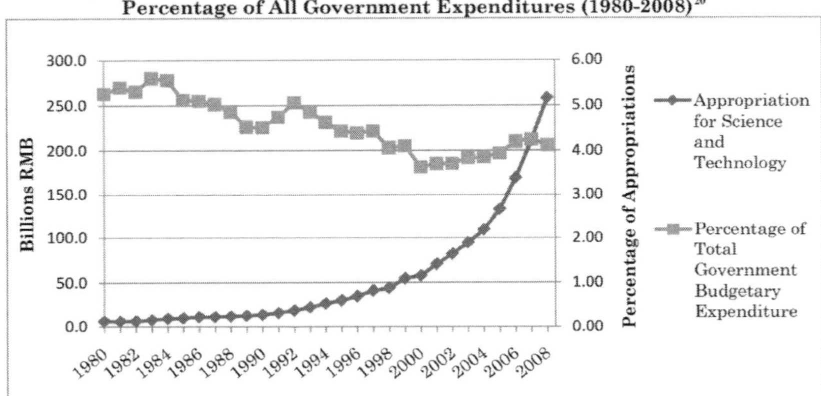

2009 numbers taken from National Bureau of Statistics , "Di'er ci quanguo kexue yanjiu yu shiyan fazhan ziyuan qingcha zhuyao shuju gongbao" (the second nationwide science research and development resources inventory: public report on important statistics), November 22, 2010.

Fuente ussc.gov.

Antes de hablar de los 2 grandes de esta historia **SMIC** y **HUAWEI** vamos a repasar qué hubo antes y que otros intentos se han hecho en China desde el año 2000 para tener cierto control sobre la tecnología que usan. Lo primero fue intentar tener sus propios procesadores, sin puertas traseras y no diseñados fuera de China, pero sin tener la capacidad de fabricarlos en su territorio, pero poco a poco y desde el año 2000 y la fundación de SMIC con capital estatal esto fué cambiando no obstante repasemos un poco antes de llegar ahí.

EMPRESAS Y PROCESADORES CHINOS ANTERIORES:

Loongson

En 2002 una iniciativa publico-privada invirtió para que China empezase a tener sus propios procesadores, los Loongson. Estos procesadores de arquitectura MIPS se fabricaron en Suiza pero se toparon con copyright americano. Aún así esta tecnología ha perdurado hasta nuestros día y se usa aún en muchos ordenadores chinos. No obstante no es una tecnología ni comparable ni compatible con la informática occidental. Para poner en perspectiva en 2019 la última generación de estos procesadores era de 29 nm cuando en occidente se fabrican de 5-7 nm ya.

Zhaoxin

En 2013 otra empresa china también con apoyo de dinero público llamada Zhaoxin entró en el mercado de los procesadores de forma diferente a Loongson. Esta vez contarán con las patentes y derechos para poder fabricar procesadores que funcionen con los programas occidentales, es decir que puedan funcionar con windows por ejemplo, lo que se conoce como arquitectura x86. Este sistema propiedad de Intel cosas de la vida tenía 2 empresas que en los años 70 y 80 podían fabricar estos tipos de procesadores, AMD y Citrix, cosas de la vida la propiedad intelectual y los derechos para poder fabricar estos procesadores acabaron desde la americana Citrix a la Taiwanesa VÍA que llegó a un acuerdo con China para fabricar procesadores para China. Por ahora no he escuchado nada de vetos a sus producción por parte de EEUU pero sus procesadores aunque se diseñan en China se fabrican en Taiwan con lo que no son independientes. Probablemente tengan planes para pasarse a la empresa china SMIC para fabricar sus futuros procesadores y tarjetas gráficas para evitar el control de EEUU.

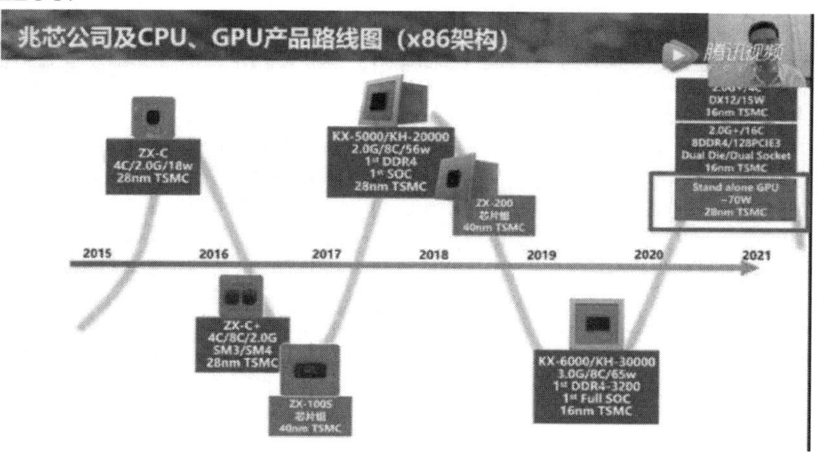

(Image credit: CNTechPost)

AMD–Chinese joint venture

En 2018 algo parecido a lo que hizo Taiwan con Zhaoxin, hizo AMD con la AMD–Chinese joint venture para poder fabricar procesadores x86 en China, no obstante un año después 2019 y la CHIP WAR de Estados Unidos ha dejado muerto este proyecto. El procesador se llamaba **Hygon**. Además venían con restricciones criptográficas de mano de EEUU con lo que su rendimiento es inferior.

Pythium

Pythium es otra de las empresas que está diseñando procesadores en China y que tiene grandes planes para el futuro. Es una empresa que ha diseñado procesadores para ordenadores de alta computación y servidores chinos pero que quiere competir también en el mercado de pcs domésticos. El problema que hasta ahora ha confiado su fabricación a la taiwanesa TSMC, pero por lo visto tienen planes para hacerlos en casa en la china SMIC y UMC que por desgracia también es de Taiwan aunque curiosamente tiene fábricas en China algo que sin duda será interesante de ver en el futuro. Estos eran sus planes hasta la llegada del torbellino Trump.

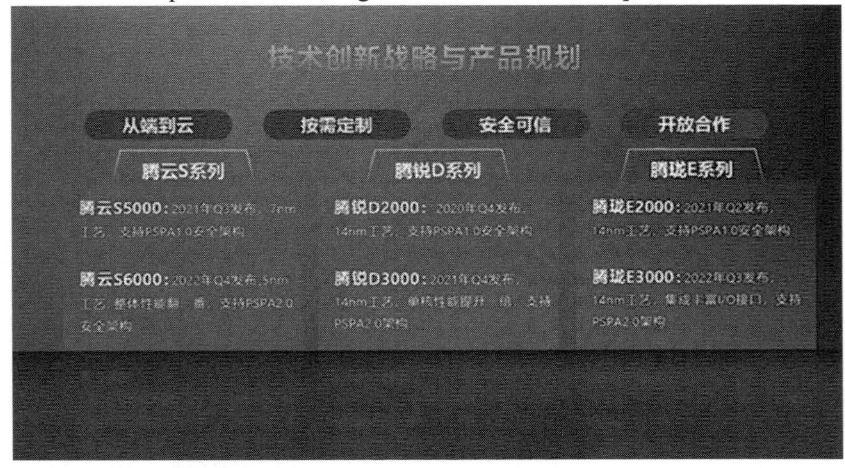

(Image credit: CnTechPost)

OTROS

Otros procesadores chinos que se han usado o se usan en sus supercomputadores serían el **FeiTeng**, el **Sunway** de arquitectura RISC usado sobre todo para ámbitos militares. La empresa Unisoc que diseña en china y fabrica en Taiwán, Los **ESP32** para el IoT pero fabricado también en Taiwán por TSMC, como véis casi todo está hecho fuera de China aunque sean diseños chinos.

PRESENTE

En China se consume en 2020 el 60% de todos los chips fabricados en el mundo, que procesa e integra en sus aparatos para luego venderlos dentro y fuera. Sin embargo sólo fabrica el 16% de los chips de todo el mundo, que son de menos calidad y nivel tecnológico. Esto le ha generado siempre una gran dependencia tecnológica exterior.

En 2020, y debido a los bloqueos americanos, China ha tenido que poner mucho dinero sobre la mesa para que su industria de semiconductores evolucione. Estados Unidos ha hecho un bloqueo comercial y de tecnología a las 2 empresas tecnológicas más grandes de China SMIC y HUAWEI. Esto a su vez ha generado una burbuja de inversiones y muchísimas empresas se han acogido a estas ayudas para reconvertir sus negocios a la industria de los circuitos. Cementeras, y otras empresas están invirtiendo en esta necesidad estatal gracias a las ayudas, casi 10.000 empresas se han apuntado de las 1000 que había en 2019 relacionadas con el negocio de los integrados. También esto ha hecho que suba el valor de sus acciones lo que como digo ya se considera una burbuja incluso dentro de China como dice este artículo.[16] Desde luego a China le están dando pocas opciones y además la CHIP WARS sigue y tiene a la fábrica de semiconductores SMIC en el ojo del huracán americano. En 2020 están sancionando su exportación e importación de tecnología. Ya en 2018 EEUU impidió que China adquiriera tecnología de última generación de la holandesa ASML[17], que como conté en El fin de la memoria 5, peak de máquinas que hacen máquinas[18] es la única capaz de fabricar esta tecnología para los procesadores del futuro y que se ha convertido un asunto de estado de Holanda, la Unión Europea y EEUU. Son

16 http://www.21jingji.com/2020/9-19/wMMDEzNzlfMTU5MTkwMw.html
17 https://es.wikipedia.org/wiki/ASML
18
https://felixmoreno.com/es/index/127_0_el_fin_de_la_memoria_5peak_de_las_mquinas_que_hacen_mquinas.html

los mismos americanos los que reconocen que la última generación de chips alimenta a su industria armamentística por ejemplo de aviones de combate con lo que es suficiente para EEUU según ellos para intentar bloquear la evolución tecnológica de China. No obstante China no tira la toalla y como digo ha puesto muchísimo dinero sobre la mesa. Por ejemplo 100 expertos en fabricación de semiconductores ex-trabajadores de TSMC de Taiwán fueron contratados en 2020 para trabajar en China.[19]. En total se calcula que ya van 3000 ingenieros que se han ido a China de los 40.000 que tiene Taiwan, lo que viene a ser **un 10% de ingenieros taiwaneses que se han ido a China**, recordemos que los habitantes de Taiwan son chinos que se quedaron en la isla después de la revolución comunista, con lo que vivir en Taiwán o en China es solo una cuestión política y económica. Hasta tal punto es importante este éxodo que básicamente la empresa China número uno en semiconductores SMIC la dirigen exingenieros de la taiwanesa TSMC. Ver gráfico a continuación.

19 https://asia.nikkei.com/Business/China-tech/China-hires-over-100-TSMC-engineers-in-push-for-chip-leadership

How talent from Taiwan powers Chinese chipmakers

(key people recruited by China)

	Company/ position	Year moved to China	Role in Chinese industry
Richard Chang	Worldwide Semiconductor Manufacturing Corp. (acquired by TSMC in 2000)/ General manager	**2000**	Founder of Semiconductor Manufacturing International Corp. (SMIC)
Chiu Tzu-yin	TSMC/ Factory manager	**2001**	CEO of SMIC from 2011 to 2017, currently CEO of Shanghai ZingSEMI
Lin Zhi-guo	Siliconware Precision Industries/ Vice president	**2012**	President of Jiangsu Cangjiang Electronics Tech
Charles Kao	Inotera Memories (acquired by Micron Technology in 2016)/Chairman	**2015**	CEO of Tsinghua Unigroup's DRAM unit
Yuan Di-wen	MediaTek/ Assistant chairman	**2015**	Vice president of Spreadtrum
Jiang Shang-yi	TSMC/Co-chief operating officer	**2016**	Served as outside director for SMIC, now CEO of Wuhan Hongxin Semiconductor Manufacturing
Liang Mong-song	TSMC/Senior R&D executive	**2017**	Joined Samsung Electronics in 2011, became co-CEO of SMIC in 2017
Sun Shi-wei	United Microelectronics/ CEO	**2017**	Served as vice president of Tsinghua Unigroup and CEO of Wuhan Xinxin Semiconductor Manufacturing
Stephen Chen Zheng-kun	Rexchip Electronics (acquired by Micron in 2013)/President	**2017**	President of Fujian Jinhua Integrated Circuit
Yang Guang-lei	TSMC/Senior R&D executive	**2019**	Outside director for SMIC

Source: Company announcements, other documents

Fuente Nikkei.com

SMIC

Para continuar con la historia toca hablar del mayor fabricante de semiconductores de China SMIC. Esta empresa con sede fiscal en las Islas Caimán y sede industrial en Shanghai, fue fundada en el año 2000. En su capital está altamente participado el gobierno Chino. Fijaros como coincide como decía al principio con la apertura de China a los mercados internacionales. Poco a poco se ha ido convirtiendo en uno de los grandes fabricantes del mundo de la tecnología aunque no ha podido aún llegar a ser una empresa de tecnología puntera, sino que sus productos son como si dijéramos de segunda o tercera clase, pues debido a Estados Unidos, cada vez que intenta mejorar sus procesos es vetado internacionalmente, como por ejemplo cuando desea acceder a la tecnología holandesa de litografía.

Pero por otro lado y poco a poco como dije antes, están atrayendo a miles de ingenieros de otras empresas, sobre todo de la taiwanesa TSMC para ir evolucionando y mejorando sus fábricas en contra obviamente de los deseos de Estados Unidos. Además desde 2019 ya no cotiza en la bolsa de Nueva York por los mismos motivos, EEUU y sus bloqueos. A día de hoy SMIC es el segundo fabricante tecnológico más importante sólo por detrás de Huawei. Dicen los expertos que a SMIC entre bloqueos y falta de experiencia, le faltan aún 10 años para llegar a ser competitivo en procesadores y semiconductores de última generación, desde mi punto de vista si en solo 10 años ya son una amenaza para la industria americana, no creo que tarden en ser punteros, yo pienso que en 2-3 años podrían estar a la altura. Desde luego EEUU piensa lo mismo pues en 2020 la CHIP WAR contra ellos se ha intensificado a niveles que yo no recuerdo haber visto antes en lo que a intervención de un estado sobre la industria de otro país se refiere. Sinceramente ya sólo les falta atacar militarmente sus fábricas todo lo demás ya lo están intentando. Por cierto la taiwanesa TSMC es propietaria del 10% de la china SMIC gracias a unas denuncias sobre violación de patentes que acabaron cuando SMIC dio a TSMC este pellizquito de la emrpesa.

HUAWEI

Huawei es sin duda la mayor empresa tecnológica de China y el enemigo público número uno de Estados Unidos y su industria tecnológica. Casi todas las semanas desde 2018 hay noticias sobre Huawei y Estados Unidos. Desde la detención de la hija del fundador en Canadá, pasando por la lucha por el 5G y la embajada de Estados Unidos impidiendo que países aliados compren a China, impidiendo que China pueda comprar máquinas en Holanda para hacer procesadores de última generación, y pasando por todo tipo de bloqueos tecnológicos para que Huawei no compita con Apple por el liderazgo mundial de móviles. Huawei ya es la segunda empresa más grande de telefonía sólo por detrás de la coreana Samsung y si no hubiera sido parada por EEUU probablemente ya sería la número uno.

Les han dejado sin procesadores de última generación en Taiwán, y en Corea del Sur. Ni LG ni Samsung le van a vender pantallas modernas para sus gadgets. Nvidia ha comprado la empresa con las patentes para hacer procesadores ARM y pronto seguro que le impedirán usar esta tecnología que es la arquitectura principal de sus procesadores. Ahora mismo Huawei lo que está haciendo es desarrollar la industria China de pantallas y semiconductores visto lo de Corea, inyectando mucho dinero en SMIC para que evolucionen sus procesadores y luchar por la expansión del 5G y futuras tecnologías en los países que no controla EEUU. Como comentaré después todo esto está acelerando muy a pesar de EEUU la independencia tecnológica de China, que de no haber sufrido este boicot comercial habría seguido usando tecnología extranjera y su evolución aunque imparable hubiera sido más lenta.

CONCLUSIÓN

Lo curioso es que estos bloqueos internacionales a China tienen efectos serios en las economías de los países que siguen las instrucciones de EEUU, especialmente a ellos, porque están por un lado acelerando el desarrollo tecnológico chino, porque no les queda otra, porque sino no pueden seguir por culpa de EEUU, y por otro lado está haciendo que los negocios americanos tecnológicos empiezan a ser vetados en su primer o segundo mayor cliente, China, y que sean empresas locales las que consigan los contratos para supercomputadores por ejemplo, que debido a los bloques están siendo dados a SMIC y otros, aunque sean con procesadores menos punteros que los americanos. Esto en el fondo hace que las empresas americanas tengan menos recursos de cara al futuro, sobre todo en los costosos movimientos de actualización de tecnología. De hecho Boston Consulting Group avisa de que esto llevará a Corea del Sur al puesto número uno mundial y que después será China quien conseguirá el trono, dejando a

Estados Unidos en tercer lugar con estos movimientos anti China.[20] Por otro lado y recordando mis artículos de El fin de la memoria, ya veis que si hay conflicto armado, las fábricas de microchips son habas contadas y seguro que serían los primeros objetivos militares de ambos bandos, dejando al planeta sin tecnología aunque sea de forma temporal, pero como mínimo un año o una década según se pongan las cosas, esperemos que ese día no llegue, pero es lo que yo llamo los eventos que acabarán con la tecnología tal y como la conocemos. Recordemos que la energía se acaba y eso afectará a todos los productos, cuanto más complejos más incluso.

---

20 https://www.bcg.com/publications/2020/restricting-trade-with-china-could-end-united-states-semiconductor-leadership

4. CHIP WARS 4 COREA DEL SUR V 1.1

Para acabar de conocer todos los actores de las CHIP WARS nos faltaba todavía conocer al último en el meollo, Corea del Sur. Corea del Sur es una península que tiene al Norte con Corea del Norte, esa desconocida civilización sin mucha tecnología, al Este con Japón, al Oeste con China y al Sur con Taiwán. Vamos que está en el centro de los grandes fabricantes de tecnología del mundo, y Corea del Sur no podía ser menos. La verdad es que la historia de Corea del Sur es muy parecida a la de Taiwán, ambas fueron conquistadas una y otra vez por las potencias vecinas, Japón en el siglo 16, China en el 17, y de nuevo Japón a principios del siglo 20 en las guerras entre China y Japón que causaron mucho dolor en la población Coreana. Después de la segunda guerra mundial Japón entregó el norte de la península a Rusia y China y la parte Sur a Estados Unidos. Cada una de las facciones estuvo interviniendo y apoyando a uno y otro bando y la zona fue territorio bélico hasta que se firmó la paz entre Corea del Sur y el Norte en 1953[21].

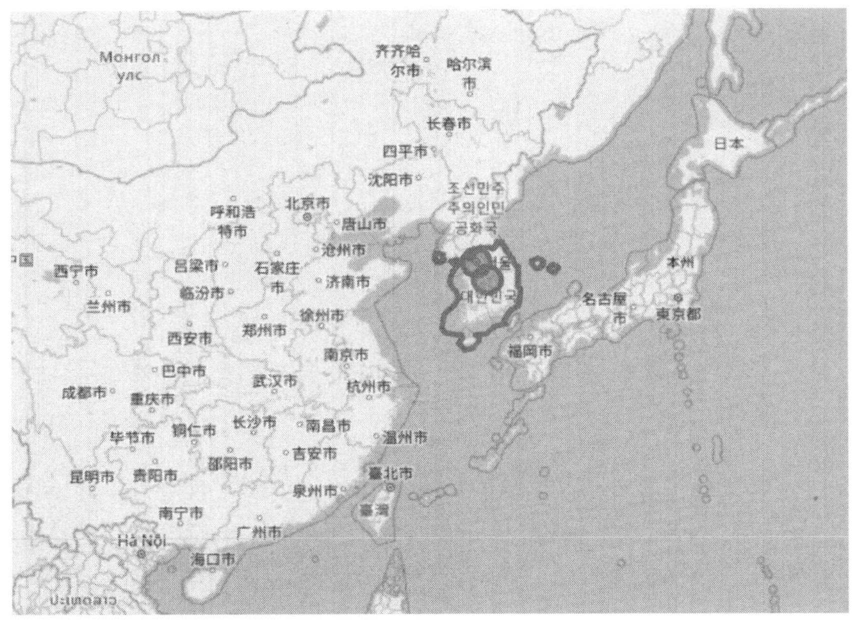

© Open Street Maps

Después igual que pasó en Taiwán, golpes de estado, autoritarismo, matanzas de civiles, todo para que los ricos locales fuesen más ricos y sus políticas neoliberales se llevasen a cabo con el apoyo de EEUU. Es curioso como se parece la historia de estos países asiáticos a la de muchos países de sudamérica. De la misma forma que en Taiwán, a finales de los ochenta la lucha del pueblo consiguió que las cosas cambiasen un poco y se acaban los nepotismos, pero el país sigue siendo una democracia neoliberal. Yo pienso que al igual que en Taiwán la influencia japonesa y su espíritu de industrialización sembró en el territorio el espíritu de emprender empresas tecnológicas que acabaron en lo que es hoy Corea del Sur, de forma muy parecida como decía a Taiwan y con el apoyo también de EEUU.

Por otro lado los coreanos odian mucho a los japoneses por lo que hicieron con su pueblo durante los años de la ocupación hasta la segunda

21https://es.wikipedia.org/wiki/Acuerdo_de_Armisticio_de_Corea

guerra mundial, esclaviotud y violaciones que aún tienen heridas abiertas en ambas sociedades coreanas y japonesas. Pero bueno centrémonos en la tecnología. Como decía al principio al igual que Taiwán la industria japonesa tuvo algo que ver en el futuro de Taiwán. Había ya empresas japonesas que fueron absorbidas por empresarios locales con el beneplácito de los sucesivos gobiernos que además contaron con importantes préstamos internacionales sobre todo de EEUU para que se desarrollasen y poder hacer así frente a los países comunistas. En esa época surgió algo que se llama en el mundo empresarial los "chaebol". Según la wikipedia.[22]

*"El **chaebol** (en hangul, 재벌; en hanja, 財閥) es un modelo empresarial basado en grandes conglomerados con presencia en distintos sectores económicos, que se ha desarrollado en Corea del Sur. Las compañías que presentan esta peculiaridad se caracterizan por su fuerte crecimiento, desarrollo tecnológico, diversificación y una fuerte dimensión empresarial. La palabra en coreano significa negocio de familia, aunque también se utiliza para referirse a un monopolio.[1]*

El modelo surgió después de la independencia de Corea del Sur, cuando su gobierno otorgó a distintas empresas nacionales un fuerte apoyo político y financiero para que lideraran el despegue económico del país, mediante la inversión en distintos campos como industria, siderurgia, tecnología y construcción entre otros. La labor de estos grupos contribuyó al crecimiento económico del país en la segunda mitad del siglo XX, hasta situar a Corea del Sur como uno de los "cuatro tigres asiáticos".[2] Algunos ejemplos de chaebol son Samsung, Hyundai, LG, Lotte y SK Group.[34]

El chaebol goza de fuerte influencia en la vida social surcoreana, hasta el punto de que algunos cargos procedentes de estas empresas, como Lee Myung-bak, han llegado a la presidencia de la República de Corea.[5] Los detractores de los chaebol critican del modelo su crecimiento durante los regímenes autoritarios de Park Chung-hee y Chun Doo-hwan, la existencia de prácticas contrarias a la ley, falta de transparencia y un supuesto trato de favor de las administraciones surcoreanas, con escándalos de sobornos y corrupción.[678] En los últimos años, el gobierno surcoreano ha tomado medidas para reducir su poder.[4]"

Estos "cahebol" han controlado la política y la economía surcoreana desde entonces, encontraron en los régimenes sus mayores aliados para

22https://es.wikipedia.org/wiki/Chaebol

crecer y sus ramificaciones controlan casi todas las industrias y servicios que de alguna manera bailan al son de EEUU. Actualmente Corea del Sur es líder de las Chip Wars en fabricación de pantallas para móviles, ordenadores, y televisiones (LG, SAMSUNG) y por otro lado es uno de los dos fabricantes mundiales de procesadores y memorias que consiguen fabricar transistores de 5 nm y menos (SAMSUNG).

SAMSUNG

En Corea la empresa que es capaz de tal proeza es Samsung, un conglomerado o chaebol que abarca negocios como la electrónica de consumo, tecnología, finanzas, aseguradoras, construcción, biotecnología y sector servicios. Desde coches a lavadoras pasando por la micro tecnología más avanzada del mundo. Fue fundada en 1938 y pronto se convirtió en el chaebol más importante del país. A día de hoy es la empresa tecnológica más grande del mundo, el segundo mayor constructor naval mundial y así en muchos campos. Su relación con los sucesivos gobiernos es innegable, y han tenido problemas con la justicia que se han solucionado con indultos de los gobiernos de turno.[23]

CONCLUSIÓN

Las empresas coreanas han apostado abiertamente por defender los intereses de Estados Unidos al igual que Taiwán, y en la Chip Wars están vetando parte del mercado de pantallas y procesadores a China. China desde 2019 como ya he relatado en otros de mis artículos de Chip Wars está intentando sustituir las pantallas coreanas por otras de fabricación nacional al igual que con los procesadores, algo más complejo y que le costará más. Cuando ese día llegue y gracias a los boicots de los pro EEUU China alcanzará su sobreanía tecnológica y será el segundo o tercer país del mundo que podrá hacerlo, antes que Europa o EEUU y todo esto gracias a el fallido intento de EEUU de boicotear a China que ha conseguido justo lo contrario, boicatoear la industria americana.

23 https://es.wikipedia.org/wiki/Samsung#Controversia

5. EL FIN DE LA MEMORIA 1 PROCESADORES V. 2.0

Este artículo se publicó por primera vez en Agosto de 2019, esta edición es una actualización de Diciembre 2020, después de un año y algo escribiendo sobre estos temas, y después de que algunas cosas que avisaba pasarían en el futuro de la informática se han ido cumpliendo, como los eventos que pueden causar problemas de suministro, el problema de la concentración en pocas manos de estos ítems, de cómo gobiernos intentan controlar la producción y distribución por motivos estratégicos como cuento en las Chips Wars etc, todo esto previsto hace un año y medio está pasando ya en un entorno de escasez de energía en aumento. Felix Moreno.

En algunos círculos se habla ya del colapso económico, natural, social, energético… pero no suelo leer a nadie que hable de qué pasará con la cultura, con el cine, los libros electrónicos, fotos, música... con la sociedad mundial de la información cuando la energía escasee. De hecho, suelo ver cosas totalmente opuestas: artículos que intentan imaginar un futuro de decrecimiento y organización social con huertas, "animalicos", un portátil y unas redes telemáticas comunitarias para no perder las buenas costumbres de la época tecnológica, que desde mi punto de vista, está llegando a su fin. Un día hasta encontré un artículo sobre el campesino digital... anda que... En un alternativo futuro tecnológico en decrecimiento, sistemas descentralizados que funcionen en pequeñas redes podrán ser una solución, como por ejemplo el proyecto RetroShare[24], que se basa en la idea de un internet descentralizado F2F (*friend-to-friend*) e incensurable, dentro de una red WAN o LAN, sin necesariamente tener conexión con todo el mundo y que, en teoría, usa menos energía que un internet cliente-servidor normal. Pero es probable que después de leer este artículo te plantees un futuro sin internet ni ordenadores, pues el hardware no se fabrica en Albacete en una nave industrial, ni es algo que tu primo pueda arreglar o fabricar con un soldador...he escrito sobre esto en mis articulos de Piscina de Lodo vs Manchita, y Yonki Tecnológico.

Lamento dar la mala noticia: **toda la informática**, incluida toda la información que almacena, **será uno de los primeros pilares de nuestra sociedad en derrumbarse** durante un colapso o guerra probablemente próximos, y os voy a explicar por qué. Muchos aceptamos que -a la vista de los datos- la era del petróleo se acaba (hasta BP o Exxon han reconocido ya el PEAK), y que pronto habrá una reorganización a nivel mundial de todas las civilizaciones y formas productivas. No obstante algunos piensan que, de alguna forma y usando el pensamiento mágico, podremos tener ordenadores, internet y blogs donde hablar de la transición o donde ver películas después de un duro día de trabajo en el campo. Un ordenador o un móvil son prácticamente los objetos que más tecnología punta tienen de entre todos los **objetos que** un humano de nuestra era puede comprar con su trabajo. Tienen procesadores, memorias, pantallas, antenas, batería, todo tipo de sensores, dispositivos de posicionamiento por satélite, micrófonos y altavoces y a día de hoy, solo tienen sentido con internet funcionando para ellos. Hemos pasado toda nuestra información a la red, a la nube, ya ni la tenemos en casa. Y esto no implica precisamente poca energía: casi diría que hace falta **extraer materiales y energía de todos los rincones del planeta para fabricar un solo móvil** u ordenador (y los *gadgets* modernos que son básicamente ordenadores, como las televisiones, reproductores multimedia, videoconsolas, circuitería de coches, enchufes inteligentes y todo tipo de

24 https://retroshare.cc/

electrodomésticos que tengan la palabra *smart*). Una lavadora, un lavavajillas, una nevera, un patinete eléctrico, un radiador… también a día de hoy contienen chips de memoria y procesadores, con lo que necesitan al igual que los ordenadores y móviles, todo el planeta a su servicio, lo que llamo Coste Civilizatorio[25]. No obstante, algunos de estos electrodomésticos podrían decrecer tecnológicamente y volver a fabricarse en los países donde van a ser consumidos quitando chips y sustituyendo todo por componentes más sencillos y con materiales más cercanos. Por contra, un ordenador, un *router* o un móvil, una televisión actual *necesitan* un procesador y un chip de memoria porque son básicamente eso: dispositivos de procesamiento y almacenamiento de datos. Todo eso es a día de hoy, y en un mundo en decrecimiento será imposible de fabricar en muchos sitios, entre ellos España. Aunque un aparato de alta tecnología tiene muchas piezas. Para enfocarnos vamos a centrarnos en dos piezas que considero las más importantes: *procesador* y memoria. El resto aún siendo importantes no lo son tanto como estas dos que además son las que en menos sitios se fabrican y menos empresas pueden hacerlo.

Un procesador a día de hoy tiene un proceso de fabricación tan complejo que necesita de países enteros y sociedades hipercomplejas para poder fabricarse. Actualmente los procesadores competitivos se fabrican solo en 2 países del mundo, Taiwán que ni siquiera es oficialmente un país, y Corea del Sur. Estamos hablando de productos que fabrican piezas del tamaño de entre 2 y 7 nanómetros (cuando escribí este artículo eran más países, pero el paso de los 15 nm a 5nm ha dejado fuera a países tan importantes como EEUU o China). Para entendernos: un átomo tiene un grosor de 0,32 nanómetros, una célula del tipo glóbulo rojo tiene un tamaño de 7.000 nanómetros, el diámetro de un cabello humano son unos 75.000 nanómetros. Es decir, estamos hablando de empresas que hacen transistores poco más grandes que 20 - 30 átomos juntos[26]. Pronto además, nos encontraremos con el límite de no poder hacer transistores más pequeños, porque por ahora solo somos capaces de crear objetos con átomos y no se pueden hacer casas del tamaño de un ladrillo con ladrillos. La ley de Moore está llegando a su fin. Poder manipular la materia a este nivel es algo que, como digo, solo pueden hacer en fundiciones muy específicas en cinco de

25 https://www.felixmoreno.com/es/index/131_0_el_coste_civilizatorio.html
26 https://www.lavanguardia.com/tecnologia/20170630/423774241459/tamano-chips-procesadores.html

los 194 países que existen, 2 si hablamos ya de última generación. El resto de países simplemente dependen del comercio y la política exterior para poder acceder a estos bienes. Ello ya muestra, sin entrar todavía en detalles energéticos, la **fragilidad estratégica de nuestra sociedad de la información.** Y por si esto fuera poco, estas empresas acaban o acabarán subcontratando la producción, por lo complicado de la tecnología en sí misma, a megaempresas que prácticamente acabarán fabricando todos los procesadores del mundo en 2 o 3 sitios del planeta. Cosas del capitalismo, la competencia, las patentes y la economía de escala.

A día de hoy, ya casi todo pasa por las dos fábricas que quedan en el mundo, la de Samsung en Corea del Sur y la de TSMC en Taiwán. Los nuevos procesadores M1 de Apple que usan tecnología ARM, en vez de X86 de Intel ya solo se pueden fabricar en esas dos plantas, algo que aparte de dejar fuera de juego a Intel que está perdiendo la batalla de los procesadores después de 40 años además acelera el fin de la tecnología X86. Pero incluso los procesadores X86 más potentes se fabrican en TSMC Taiwan, que son los que fabrica AMD y que están dejando obsoletos los diseños de Intel. Una pequeña lista de países que fabrican procesadores -los corazones de nuestra actual sociedad- con tecnología de menos de 10 nanómetros[27]Taiwán y Corea del Sur. (EEUU y China están invirtiendo miles de millones de dólares para recuperar su posición pero por ahora están fuera). De menos de 20 nanómetros, es decir más obsoletos, EE.UU y China. Antes podría haber estado Japón, pero que ya no esté en la lista es otro síntoma más de su decadencia. Insisto: en todo el mundo, solo cinco. Luego se puede ampliar la lista con países que fabrican chips[28] no tan pequeños ni potentes y que se usan para dispositivos más sencillos como TDT, IoT, Routers: Irlanda, Rusia, India, Israel, Japón, Abu Dhabi, Reino Unido, Italia y Alemania. Todos estos están entre atrás y muy atrás (Italia) en los niveles de miniaturización y en algunos casos simplemente sucede que las empresas madre no quieren que aprendan o tengan las herramientas necesarias para la última tecnología por motivos geoestratégicos. ¿Qué pasaría si alguna de estas 2 fábricas fuesen objetivos militares en una guerra? No lo vemos, pero al igual que recibimos un flujo constante de hidrocarburos, todos los días llegan a todos los países contenedores y contenedores llenos de microprocesadores, normalmente dentro ya del producto final: típicamente,

27 Https://es.wikipedia.org/wiki/10_nan%C3%B3metros
28 https://en.wikipedia.org/wiki/List_of_semiconductor_fabrication_plants

ordenadores. Un solo día de corte de este flujo y los precios empiezan a subir en todo el mundo. Una semana y los precios del stock restante se dispararían. Un mes y habría caos mundial. Así de sencillo. Imaginad un mes sin contenedores llenos de ordenadores o microchips llegando a los puertos europeos. Solo un mes. (Pues ya pasó con el coronavirus, y subieron los precios y fábricas de coches tuvieron problemas de stock, subió el precio del hardware de consumo, y eso que solo fueron unos días de problemas). Una lista de las empresas que tienen los ingenieros y tecnologías capaces de fundir el metal para reordenar los átomos al tamaño de los procesadores actuales: GlobalFoundries, TSMC, UMC, Samsung Foundry, SMIC, y prácticamente esto es todo. **Seis empresas para 7.500 millones de humanos**, porque ordenadores portátiles y sobre todo teléfonos móviles, tienen prácticamente todos los humanos de la tierra. Esto puede resultar sorprendente, pues se podría pensar que son cosas del primer mundo, pero unido a que al principio simplemente heredaron nuestra basura tecnológica y ahora son un mercado más, los fabricantes tienen los mercados de ambos mundos cubiertos. Es raro el lugar del planeta que no tenga red móvil o redes *wifi* con acceso a Internet, al menos por lo que he podido comprobar personalmente. Seguro que hay miles de sitios sin cobertura, incluidas montañas de mi provincia y lugares como San Bol en Burgos, pero me refiero a cualquier aldea de más de 500 habitantes, pueblo o ciudad de cualquier parte del mundo. Recuerdo que un político español criticaba que los pobres que pedían comida tuvieran móviles: "Si tienes para un móvil tienes para comida" decía. Esto me lleva a una reflexión interesante: hasta el tercer mundo, que se supone viven en el colapso continuo y están mucho más preparados para situaciones complicadas energéticamente, tendrán que adaptarse a un mundo mucho más *low tech* incluso del que tienen ahora.

En un futuro decrecimiento -y tal vez colapso- **las naciones que no tengan capacidad de producción** de semiconductores **están en una desventaja estratégica**, no solo porque sean necesarios para tener teléfonos móviles y que la población tenga internet. Además todo el país depende de los procesadores de alta potencia: la gestión de la administración, telemetría, bases de datos, servicios públicos, etc. También **son imprescindibles para la guerra** moderna: drones, cazas, misiles, etc. Por desgracia seguirá habiendo durante un tiempo países productores que proveerán a otros países -siempre y cuando no los consideren enemigos- lo mínimo para mantener a la población controlada. De hecho las CHIP WARS de 2019 empezaron justo por esto, porque en teoría EEUU decía que CHINA estaba obteniendo demasiado poder tecnológico que podría ser usado para la guerra, aunque no creo que fuese la motivación real sino la pérdida del control sobre el futuro de la informática que hasta ahora es cosa de EEUU. Pensad que los primeros ordenadores IBM se usaron en la Segunda Guerra Mundial tanto por la Alemania nazi[29] como por los Aliados no precisamente para hacer hojas de cálculo o jugar al buscaminas, sino para calcular trayectorias balísticas y llevar bases de datos de personas. También la tecnología prehistórica de IBM se usó en la Guerra Civil Española[30] para encontrar disidentes, con comisiones incluidas para Franco.

Tal es la obsesión por un futuro de escasez tecnológica, que Rusia, Europa[31] y China[32] están invirtiendo dinero en la última década (China[33] y Rusia mucho, Europa una miseria) para tener la capacidad de diseño y producción de microprocesadores propios para un futuro en el que el comercio con los mencionados seis países decaiga debido a la inminente falta de energía, o por guerras o catástrofes medioambientales y las consecuencias que estos hechos tendrán para el comercio y la paz. Por cierto, aunque Europa está fuera por ahora en la carrea de los microchips de última generación, es en Europa, en Holanda donde se fabrican las máquinas que son capaces de fabricar microchips de última generación, con lo que en cierta manera, Europa a lo tonto tiene un control interesante sobre el futuro de la informática. Otra ventaja de disponer de esa capacidad de fabricación propia es **controlar** o evitar las *puertas traseras*, por obvios motivos de seguridad nacional, pues se sabe que los países importan procesadores y chips con *puertas* para el **espionaje entre naciones**, aunque desde mi punto de vista esto resulta de una relevancia menor que la capacidad de producir tu propia tecnología por motivos estratégicos. Creo que quien lea este texto podrá fácilmente imaginar qué pasará cuando muchos países no puedan producir tecnología en forma de memorias y procesadores ni importarla. Y no me refiero solo a los países más pobres: todos los demás países vivirán irremediablemente arrodillados ante las potencias que sí tengan esta capacidad, si existe esa posibilidad, porque cuesta mucho predecir hasta qué

---

29 https://elpais.com/diario/2001/02/13/ultima/982018801_850215.html
30 https://www.elconfidencial.com/tecnologia/2018-04-21/otra-historia-de-ibm-tarjetas-franquismo-guerra-civil_1552819/
31 https://hardzone.es/2019/06/06/ue-procesadores-alto-rendimiento/
32 https://www.profesionalreview.com/2019/06/23/kx-6000-zhaoxin-core-i5-7400/
33 https://www.muycomputer.com/2015/04/13/tianhe-2-intel/

punto no tener petróleo nos llevará a qué momento tecnológico e histórico equivalente. Ahora mismo nadie se cuestiona la continuidad de un flujo constante de procesadores en forma de ordenadores, móviles y otros dispositivos electrónicos desde Asia y EE.UU. La oferta es amplia y la demanda no crece a un ritmo que implique ahora mismo subidas de precios salvo catástrofes puntuales... pero ***¿por qué tendría que seguir siendo así?*** Si la energía disponible escasea -tal y como predicen los modelos- la capacidad de producción y la demanda irá disminuyendo poco a poco junto con la potencia computacional que la tecnología vaya proporcionando (como narro en los siguientes artículos sobre el fin de la memoria). No sería disparatado pensar que en 5-10 años lleguemos a máximos de capacidad computacional. Bien podríamos acuñar un nuevo par de términos: ***Peak Computing / Peak Memory*****, el máximo poder de procesamiento y almacenaje que cada una de las sociedades, países, o todo el planeta en su conjunto puede computar y almacenar.** Porque al igual que el PIB de un país va muy ligado a su energía, exactamente igual pasa con el poder computacional y de almacenaje, que depende de la energía disponible.

Hay gente que piensa que los procesadores cuánticos serán la salvación, que permitirán superar principalmente los límites físicos a los que tendremos que enfrentarnos en el camino hacia la miniaturización. Este es otro problema al que se enfrenta la fabricación de procesadores, como dijimos más arriba cuando hablábamos de tamaños. Pero lo cierto es que si algo necesita un ordenador cuántico a día de hoy, es ingentes cantidades de energía para mantenerlo refrigerado, no se si en el futuro con materiales superconductores a temperatura ambiente o cosas así podremos tener ordenadores cuánticos personales pero por ahora es un brindis al sol. Básicamente **los países más ricos** están en una carrera de I+D por **intentar** poder fabricar en sus territorios procesadores con los que poder tener ***soberanía tecnológica*** para reparar o crear armas o poder mantener los sistemas informáticos clave para el país, antes de que la falta de energía acabe creando guerras comerciales como las que está empezando a provocar Trump. No son nuevos los *embargos tecnológicos* en el mundo, y menos aún desde EE.UU., pero sí son más sonados últimamente gracias a este señor. En realidad el gobierno de EE.UU. lleva años prohibiendo transferir tecnología a ciertos países, sobre todo en forma de procesadores, y especialmente a China. Esto responde más que nada al deseo de **controlar el nivel tecnológico de cada país**, y controlar quién y dónde fábrica, y qué hace con ese poder computacional; una *guerra de las galaxias* electrónica que empezó en los 80 pero de la que poco se habla. Ya se hizo con la URSS[34], a la que se prohibió acceder al incipiente mercado de los microprocesadores y que tuvo que subsistir con su clon del Z80 hasta bien pasados los noventa. El poder computacional de un país -aunque aparentemente nadie piense en él y parezca algo ajeno a cualquier conflicto internacional-, es algo que preocupa, y mucho, a las principales potencias mundiales, sobre todo a EE.UU., Rusia y China.

Y sin embargo, aunque la voluntad de los países sea controlar la fabricación, por ahora toca importar[35], como le toca a Apple, que diseña los procesadores pero los fabrica en Asia[36] (TSMC y Samsung Foundries) y ya puede patalear Trump todo lo que quiera exigiendo que se lleve la producción a EE.UU, de hecho EEUU ha proyectado hacer fábricas de TSMC en territorio americano para 2022-2023 y así no depender de territorios extranjeros. Al final son muy pocas fábricas en todo el mundo las que tienen la capacidad de fabricar chips de menos de 15 nanómetros, como dije por ahora 2 de menos de 5. El motivo es que hace falta tal cantidad de energía, dinero, I+D, personas preparadas, universidades, fundiciones sumamente especializadas, materiales y procesos de producción tan avanzados y unas demandas de tal escala que solo megafábricas en lugares muy concretos del planeta pueden producir la cantidad y calidad demandada. China por cierto lleva años importando ingenieros de Taiwán, ya es casi un 10% de todos los ingenieros especializados los que han dejado Taiwán para irse a China. Recordemos que Taiwán es un territorio chino que se independizó, con lo que en el fondo son ciudadanos chinos y la asimilación es sencilla. Además ya sólo queda un sólo fabricante en el mundo capaz de fabricar las máquinas que hacen microchips, la holandesa ASML. No hay más y a quien venda esta empresa podrá hacer procesadores y a quien no, por ejemplo China, que no le dejan con intervención de la embajada americana en Europa y Holanda. Es decir, solo una sociedad hipertecnificada, con ingentes cantidades de energía en formas diversas, puede acabar fabricando el objeto que más necesita la actual sociedad de la información. Todo esto genera una demoledora fragilidad sistémica, y una **dependencia total de la energía disponible y del comercio mundializado**

34 https://hipertextual.com/2012/02/historia-de-la-tecnologia-zilog-z80
35 https://asia.nikkei.com/Economy/Trade-war/US-expands-China-blacklist-to-supercomputers-and-AMD-partners
36 https://es.wikipedia.org/wiki/Anexo:Procesadores_dise%C3%B1ados_por_Apple

que hará que, en el caso de que la energía deje de llegar de los pozos petrolíferos o haya alguna guerra en Asia, todo se desmorone y que la Sociedad de la Información tal y como la conocemos desaparezca muy rápido. **Pienso que los procesadores** de la actual y de las siguientes generaciones **serán los últimos en ser tan rápidos** si la energía para fabricarlos se va reduciendo; difícilmente se podrá fabricar con menos energía lo que a duras penas se puede fabricar con toda la energía disponible hoy en día. Un ejercicio de futurología interesante consistiría en analizar qué pasa[37] cuando una de estas fábricas se inunda o sufre un corte de luz un par de días.

Entonces, ¿qué pasará con las sociedades tecnológicas cuando dejen de *fluir* los procesadores a causa de una hipotética falta de energía o conflicto armado, o probablemente ambos?

En resumidas cuentas, empezará una decadencia donde todo lo tecnológico irá dejando de funcionar: al principio se irá disminuyendo la potencia y complejidad de los procesadores y sistemas de almacenamiento, año a año. Los primeros cinco años será un momento de priorizar: los gobiernos empezarán a hacer todo lo posible para que sus sistemas sigan activos, habrá una reducción de la utilización de ordenadores en los gobiernos en todo lo posible y un *triaje* sobre qué es primordial que funcione y qué se puede sacrificar. Como siempre, **lo primero** para los estados será la **defensa** y el **control** de la población, y el intentar seguir fabricando para tener superioridad tecnológica respecto al resto de países. A nivel de usuario, poco a poco irán muriendo los procesadores actuales y el acceso al público en general a nueva tecnología se irá encareciendo. Probablemente tengamos procesadores menos complejos y de más nanómetros, fabricados más cerca, un poco al estilo del Z80 en la Rusia Soviética. En el siguiente artículo titulado "El fin de la memoria (II)" trato las propias memorias electrónicas, que no tendrán tanta suerte como los procesadores en lo que a obsolescencia se refiere. Los procesadores tienen vidas útiles de una década, e incluso apretando un poco 2 o 3, tal vez 40 años algunos... En realidad, no sabemos si durarán más de 50 años porque todavía no ha pasado tanto tiempo, pero las memorias no corren la misma suerte. Los *nativos digitales* tendrán que hacer la transición a simples mortales analógicos. Vivirán una decadencia

37 https://www.elespanol.com/omicrono/tecnologia/20190722/precios-memoria-ram-subiendo-pensabas-actualizar-prisa/415709595_0.html

donde al principio, solo el primer mundo tendrá tecnología, después solo los ricos del primer mundo podrán seguir teniendo tecnología potente, luego solo las empresas, y al final solo los gobiernos. Exactamente el **mismo camino** que ya hemos recorrido en los últimos 50 años, solo que **al revés.** A los pequeños ordenadores ARM, les pasará como a los vuelos *low cost*: se acabarán encareciendo. Cuidado con pensar que un miniPC ARM tipo Raspberry Pi es el futuro y la salvación (¡¡microordenadores por 35$ fabricados en Reino Unido!!). Estos microordenadores tan baratos usan procesadores de 10nm como los más caros y rápidos, solo que son más sencillos en lo que a arquitectura y velocidad, así que pocos países podrían fabricarlos. Hasta los procesadores y sistemas en chip (SoC) que hoy casi regalan con los cereales del desayuno se fabrican en Asia. Recordad las cinco empresas mencionadas fabricantes de procesadores: GlobalFoundries, TSMC, UMC, Samsung Foundry, SMIC. Bien, pues la Raspberry PI usa procesadores de la empresa americana Broadcom que no fabrica, solo diseña el procesador y la fabricación acaba en Asia o EE.UU. según el procesador lo fabrique SMIC, TSMC o UMC. Podéis buscar cualquier chip, cualquier fabricante, cualquier empresa de tecnología, tirad del hilo y acabaréis en un 99% de los casos en una de estas cinco fundiciones.

¿Se podría volver al actual presente tecnológico, con tal flujo de procesadores a todo el planeta en un futuro con sociedades sin petróleo? **¿A dónde se podrá llegar** tecnológicamente con una TRE[38] de 2 a 4? Mantener estos sistemas de fabricación tecnológica una vez que ya no dispongamos del petróleo, será igual de complicado que seguir teniendo dos coches por familia en el futuro, o que poder seguir usando aviones. Tal vez las sociedades del futuro decidan que disponer de memoria y procesamiento digitales es más importante que tener coches, viajar en avión, o cambiar de ropa cada año, tal como la URSS eligió fabricar procesadores para sus universidades, gobiernos y ejércitos en vez de otros lujos, con la energía de que disponía. Retomando la mirada a cómo podría ser la informática post-colapso, resulta interesante ver los procesadores Z80 fabricados para mis ordenadores Spectrum o mis consolas Game Gear, Megadrive, etc. dando la talla después de 40 años. Un procesador el Z80, por cierto, inventado y fabricado en los EE.UU., pero copiado y fabricado también en Japón y la URSS, cada uno por sus motivos histórico-políticos o por bloqueos de

38 https://es.wikipedia.org/wiki/Tasa_de_retorno_energ%C3%A9tico

importación, para alimentar a sus incipientes sociedades tecnológicas. Ahora ya no es posible copiar un microprocesador moderno, no tanto por la arquitectura, si no por el tipo de sociedad y la energía necesarios para poder fabricarlo; de hecho, a veces ni los propios fabricantes pueden implementar sus propios diseños en sus fábricas y externalizan. Es interesante también ver **cómo sobreviven en países con embargos tecnológicos**, como fue en su día la extinta URSS o actualmente la Cuba socialista.[39] Baste con buscar en la WWW información sobre el **fenómeno *paquete***. Aunque en realidad los países tercermundistas sí que son parte del sistema de comercio internacional de procesadores y memorias: simplemente reciben los productos de otras formas, en forma de basura tecnológica o de contrabando, por lo que no podemos extrapolar directamente un embargo con las consecuencias de un colapso energético mundial donde falle la fabricación. Además, la era de los procesadores la hemos vivido prácticamente en tiempos de paz -al menos en Occidente-, con lo que **no estamos preparados para lo que vendrá o podría venir.**

Actualización CORONAVIRUS 2020: Añado esto en esta edición del libro, pues hemos tenido la oportunidad de vivir **un evento que ha paralizado brevemente la sociedad de la información.**

Aunque apenas distinguible por los habitantes del planeta, durante la epidemia del coronavirus, **las cadenas de producción se rompieron momentáneamente**, hubo semanas en que las fábricas pararon en Asia, durante ese tiempo los precios de los productos informáticos subieron de precio, mientras se acababan los stocks, los fabricantes de coches no recibieron la tecnología y chips que necesitaban para fabricar sus coches, y eso que solo fueron unos días y en seguida se restableció el suministro. Por otro lado, con tanta gente en casa, se demostró la **debilidad de las redes de telecomunicaciones** y lo infradimensionadas que estaban: se tuvieron que ampliar nodos y los gobiernos pidieron moderación en el uso de la red. Los servicios de streaming redujeron su calidad para usar menos ancho de banda. No obstante, **sólo fue un pequeño susto comparado con lo que puede venir.** Guerras reales o comerciales, catástrofes y, sobre todo, menos energía, serán los que pueden poner fin a la sociedad digital.

---

39 https://www.youtube.com/watch?v=FFPjJM6yYS8

ACTUALIZACION CHIP WARS 2020: China después de la guerra comercial con EEUU y ver como han intentado bloquear a Huawei para que no se convierta en la mayor empresa tecnológica del mundo se está tomando muy en serio el tener sus propios procesadores de última generación, más info en mis artículos de las CHIP WARS.

6. EL FIN DE LA MEMORIA 2 ALMACENAMIENTO V.2.3

Texto revisado y con sugerencias de Álex López y M. Casado.

¿Se puede medir la memoria de la sociedad de la información mundial? ¿Dónde se almacenan todos esos datos? ¿Cuánto dura ese almacenaje? ¿Qué pasará en el futuro con una sociedad tan dependiente de la tecnología?

PASADO Y PRESENTE DE NUESTROS DATOS

Si has nacido después de 1990, probablemente casi toda la información que has conocido, visto, jugado, oído o leído, haya sido en formato digital. Perteneces al 100% a la sociedad de la información. Si has nacido antes, sin embargo probablemente hayas usado cintas de cassette, tocadiscos, mucho libro en papel, tal vez hasta un LaserDisc, o aunque sea digital un CD. La principal diferencia entre alguien nacido después de 1990 y alguien nacido antes, es que probablemente toda esa información que ha usado desde su juventud hasta ahora, ya no exista. Es decir, si naciste en los 90, tu reproductor de MP3 donde escuchabas música ya no funciona o está terriblemente obsoleto, ese servicio de juegos online a finales de los noventa ya no existe, todos esos juegos, películas y MP3 que tenías de pequeño en discos duros, CD y disquetes, ya no funcionan o no tienes donde reproducirlos porque ya no existen los ordenadores donde jugabas a esos juegos. Esa enciclopedia que tuviste en CD llamada Encarta, la tiraste a la basura hace años porque ya no funcionaba en el ordenador... todas esas películas pirata que grabaste en CD-R están empezando a dejar de ser legibles y los códecs de vídeo que se usaron en esa época ya no funcionan en ordenadores modernos. Las fotos que hiciste con tu cámara digital, ya las perdiste, o has tenido que copiarlas una y otra vez, cambiando de soporte digital, pues las tarjetas de memoria Sony de esas primeras cámaras digitales ya no funcionan o no tienes donde leerlas, los CD donde grabaste esas fotos ya no son legibles y esos discos duros de 30 GB son del pleistoceno digital. Los documentos que escribiste en WordPerfect ya no los reconocen los programas modernos. Cierto es que, de alguna manera, se puede jugar a los juegos que se jugaban en los 90 en un PC moderno con un emulador, pero no usando los soportes originales ni los ordenadores originales, que ya están rotos. Por cierto, gran trabajo de conservación el de los archiveros digitales, que por todo el mundo recopilan y rescatan todo este software para preservarlo del olvido y de la pérdida total por obsolescencia de los medios de almacenamiento. Yo he colaborado y colaboro en lo que puedo para conservar esas reliquias digitales del pasado, de ahí mi oficio de archivero en mi extraño currículum. También puedes ir pasando de soporte digital a soporte digital tus archivos una y otra vez, de CD a disco duro, a disco duro nuevo más grande, a un BDR... pero según pasan los años, los formatos que tenían esos archivos -por ejemplo del procesador de texto WordPerfect 5 que se usaba en los noventa- ya no son legibles por ningún software moderno, ni esos archivos de música .mod son reconocidos por tu reproductor de MP3 o tu móvil (VLC, de software libre, aún puede leer archivos .mod de música). Esos archivos de vídeo en formato Real Media™ ya nadie puede leerlos, y esas animaciones Flash .swf ya son también del pasado.

Por otro lado, si naciste antes de los 90, tu música en cinta la tendrás guardada en algún trastero pero seguirá funcionando en un viejo radiocasete, o nuevo, pues hay un resurgimiento de la música en cassette, al menos en Japón. Esos discos de vinilo que compraste en los 60, 70 y 80 siguen funcionando a día de hoy en baratos tocadiscos "Made in China" que además tienen lector de MP3. Las revistas, periódicos y libros que andan por casa todavía pueden ser leídos y eso que llevan ahí desde tu infancia. Esos cómics del Capitán Trueno, o los X-Men que regalaban con el diario El Sol, o las aventuras de Los Cinco siguen - aunque amarillentos - disponibles para su lectura. Incluso esos VHS que tan mala calidad tenían y tienen aún, pueden ser visionados, aunque, para quienes estamos acostumbrados a ver vídeos en alta resolución, es casi un insulto a la vista ver el cine en ese formato :P. Si no has tirado tu enciclopedia en papel porque te ocupaba espacio en casa, puedes seguir teniendo, como tenían antes todas las casas, un pequeño resumen del conocimiento humano, con definiciones (muy por encima) de casi todo, salvo que tengas la Espasa-Calpe, en cuyo caso "el saber sí que ocupaba lugar". Incluso los LaserDisc todavía pueden ser leídos comprando un reproductor Pioneer que regalaban en el círculo de lectores y que por ahora los hay a cientos en las tiendas de segunda mano, al menos por ahora, aunque los discos empiezan a perder información, pero al ser analógicos son aún (más o menos) legibles. Por otro lado, los juegos de mesa: el Monopoly, El imperio Cobra, el Meccano, los Tente, El Palé -que era el clónico del Monopoly-, las cartas de coches, o la baraja de toda la vida de Fournier, ahí siguen, en el trastero, esperando que algún fin de año, un corte de luz, una pandemia de coronavirus, ... o una nueva generación, les dé un nuevo uso.

Y si has nacido ya en el siglo XXI, las cosas se ponen más extrañas en cuanto a tu universo de información. La información que tienes a tu alcance está sobre todo en Internet, tu enciclopedia es Wikipedia, que es una página web, pero antes usaste otras webs que ya no existen, tus videojuegos están en la nube de Steam, Epic o/i otras. Tu música ya no está en reproductores de MP3, si no que la consumes por streaming, directamente desde la nube, con plataformas tipo Spotify. Ya no compras libros, pero sí lees online con dispositivos tipo Kindle u otros ebooks del mercado. El cine ya no te ocupa discos duros, ni discos compactos, ni DVD, ni VHS, ni LaserDiscs... todas las series y cine que ves son por streaming, desde plataformas como Netflix. De hecho, algunas de esas nubes de videojuegos, música o cine han cerrado con el paso de los años y han desaparecido todas las obras que "poseías". La web que visitaste el año pasado para leer un artículo interesante ya no existe hoy, y unas empresas que controlan los buscadores mediante algoritmos, deciden qué se debe leer y qué no. Muchas de esas búsquedas, además, han sido alteradas por humanos para ocultar resultados de webs que, por diferentes motivos -leyes, países, políticos, jueces o empresas- han decidido ocultar de su vista. Lo mismo pasa con la música, donde descubres y escuchas al son de lo que diga el algoritmo de Spotify, o el de Netflix en el cine, no pudiendo elegir qué película deseas ver, sino que debes seleccionar alguna de las que te ofrecen estas empresas ese día, mañana esas películas pueden ya no estar disponibles. Lo que vieron nuestros padres no lo veremos nosotros, porque lo antiguo no vende (gracias piratería, de nuevo, por salvaguardar algunas de esas series y películas de los 80 y 90, que salieron en VHS o se grabaron en VHS y que nunca se han reeditado en DVD o BD, y menos en streaming). Toda la cultura, información y entretenimiento que se consume ahora mismo, en el primer cuarto del siglo XXI, es efímera, no está físicamente en nuestros hogares, ni tenemos una copia, o derecho a hacerla. Si estos servicios cierran, no la podremos ver ni oír nunca más. La piratería tiene mala fama, pero tal vez esta afirmación no sea así, pues gracias a esta práctica, todos estos contenidos efímeros están siendo almacenados en inmensas filmotecas, bibliotecas y revistecas fuera del control de los propietarios del copyright, muy a su pesar y en contra de las leyes y términos de uso de las plataformas de streaming.

Antes de seguir, quiero hablar un poco del copyright y de cómo este acaba con la cultura: las obras tardan tanto en ser de libre acceso que la mayoría mueren y desaparecen antes de que se puedan copiar y redistribuir. La inmensa mayoría del cine está perdido, el cine japonés de antes de la segunda guerra mundial, el cine mudo, cualquier cine que no sea el comercial, está continuamente desapareciendo, pues a diferencia de los libros -que también se deshacen a los 100 años-, las películas y documentales tienen unos soportes que hacen que, antes de que sea legalmente posible copiarlos y distribuirlos de forma libre, estén literalmente convertidos en cenizas. Se debería poder acceder, copiar y salvaguardar la información de forma legal y libre antes de que el soporte que contiene esa información desaparezca convertido en polvo, que es lo que está pasando con leyes de copyright que duran ya casi 100 años. Sólo las obras comercialmente vendibles se mantienen vivas, pues los propietarios de los derechos sacan provecho, pero la inmensa mayoría de obras científicas, literarias, etc., se pierden para siempre al estar sometidas a restrictivas leyes de copia.

Continuando sobre el tema del streaming, he de decir que esto empezó a pasar desde el invento de la radio y la televisión, pues se pueden considerar servicios de streaming. Lo que se emitía por estos medios hasta bien llegadas las cintas magnéticas de vídeo y audio era imposible de almacenar y desaparecían inmediatamente después de emitirse para siempre. Con la invención de la cinta magnética, era y es responsabilidad de los archivos de las emisoras custodiar o no las cosas emitidas. Esta custodia por parte del emisor ha hecho que se hayan perdido miles de películas, series, conciertos, canciones, programas, noticias, etc. Dejo en manos del lector saber si esto es bueno o es malo, pero hasta ese momento, las noticias que iban en papel permanecían en manos de los lectores hasta que ellos consideraban, la información no era tan fugaz. Este concepto fugaz de la información que recibimos con servicios de streaming, o con la radio y televisión se está convirtiendo un poco en nuestra realidad absoluta, una realidad intangible, que escapa de nuestro control y que se puede cambiar muy fácilmente, pues no guardamos una copia y se puede hasta borrar un ebook a voluntad de la empresa. Tiene un poco de parecido a 1984[40], donde las palabras y las noticias cambiaban o desaparecían. En mi opinión, el

---

40 https://es.wikipedia.org/wiki/1984_(novela)

hecho de no poder acceder a lo emitido en el pasado de forma sencilla, o que sea directamente imposible, se ha usado en el siglo XX y en el nuevo XXI para controlar la opinión de la gente. No creo que fuese la intención cuando se inventó la TV, el CINE, la RADIO o INTERNET, pero al final, después de un período loco, acaban siendo muy útiles y controlables. De la misma manera que la BBC controló lo que vieron los ingleses durante décadas, ahora Google decide qué cosas aparecen y desaparecen de su buscador, bajo las mismas órdenes que dirigían la BBC o cualquier otra cadena de televisión. Fuera del ámbito doméstico, que como dijimos, para los nacidos en el siglo XXI es una realidad fugaz, en 2020 al menos en España, estamos llegando a lo que el nativo digital llegó desde el año 2000: la completa digitalización y no propiedad física de nuestro día a día. Los ayuntamientos ya no usan papel, el resto de administraciones públicas tampoco, nadie sabe con exactitud dónde están los expedientes de las obras del parque de mi pueblo, o las sentencias que dictan los jueces a través del sistema Lexnet, donde todo lo judicial de España acaba archivado. De vez en cuando, algún hacker accede a estos servidores en la nube y salta la polémica. Las multas, los seguros, las facturas, la banca y prácticamente todo ya se envía por correo electrónico o páginas web y nadie sabe con exactitud dónde o quién tiene los originales, tampoco nos preguntamos realmente dónde están, están en una web. Sus registros médicos, sus recetas, sus datos personales ya no están en carpetas dentro de archivadores en los hospitales, ahora los puede ver cualquiera con permisos para acceder a esas bases de datos. Hay casos en los que se han compartido registros médicos con aseguradoras. Su prestación por desempleo se renueva telemáticamente entrando en una web que, además solo funciona con un navegador y utiliza tecnologías obsoletas que a veces dan error y ponen en peligro su prestación, pero en su oficina del paro no pueden hacer nada, hay un formulario de contacto en la web, envíe un mensaje por allí y alguien, no se sabe dónde, lo leerá. Como curiosidad, en la cuarentena del 2020 en España por el #coronavirus, las oficinas de empleo cerraron y el paro se renovó automáticamente, sin tener que llamar o ir a la oficina, como era habitual. La ciencia se está pasando a la nube, los ordenadores y los resultados ya se publican en webs, se quedan en discos duros, y en las nubes de las editoriales donde usted puede acceder cómodamente desde su casa o universidad si paga la suscripción. En los colegios enseñan a los niños a no ser analfabetos digitales, les enseñan a manejar ordenadores y tablets, y sus libros de texto a veces ya no son en papel, sino que están en una tablet que controla una editorial y que no permite que el año que viene le des una copia a tu hermano pequeño, ahora obligan a pagar una licencia nueva para usar ese libro de texto digital de nuevo. Los apuntes ya los tomamos en colegios y universidades en el portátil, y los profesores te pasan los contenidos a través de la intranet de la universidad. Lo más importante a la hora de comprar un coche no es su consumo o su seguridad, sino sus sistemas multimedia, integración con GPS, mapas, servicios online, incluso Netflix en algunos coches, si... Netflix y Spotify, servicios de streaming de vídeo y música para el coche. Los últimos modelos ya no llevan radio CD. La prensa escrita sigue vendiendo cada vez menos y menos ejemplares, ya prácticamente solo se vende lo que va a los bares y bibliotecas, el lector habitual usa internet para informarse, entrando en sus webs favoritas y en las redes sociales. Los contenedores de papel se llenan de libros que ocupan espacio y nadie quiere, lo que, por cierto, me parece un crimen. Las bibliotecas purgan continuamente títulos en papel, ahora prestan los DVD por internet, también pagando a empresas de la nube. Los videoclubs son algo del pasado. Y así, espero que el lector se haya dado cuenta de manera superficial, aunque haya necesitado varias páginas para explicarlo, del presente de la información a la que tenemos acceso a día de hoy, finales del primer cuarto del siglo XXI.

En la siguiente parte del artículo vamos a analizar en qué soportes físicos se sostiene la actual sociedad de la información. Invito al lector a que antes de seguir leyendo, piense en qué tipo de aparatos está actualmente toda esta información que manejamos en este primer cuarto de siglo XXI. Voy a repasar sobre todo los medios más usados, tal vez me deje alguno que tú conozcas, si lo deseas puedes enviarme un email y lo añado, si procede.

LOS SOPORTES DEL SIGLO 21

PAPEL. DISCOS COMPACTOS, DVD, CD Y BLU-RAY, M-DISC. MEMORIAS USB Y TARJETAS DE MEMORIA. CINTAS MAGNÉTICAS. DISCOS DUROS. DISCOS SSD.

PAPEL

El papel sigue ahí, lleva almacenando información desde que sucedió al papiro, que sucedió a las tablillas de arcilla. En lo que a información leída por máquinas se refiere, también fue uno de los pioneros: almacenó canciones para cajas de música en el siglo XV, instrucciones para telares en el siglo XVII, canciones completas en las pianolas del siglo XIX, estuvo en las máquinas de calcular del siglo XIX y fue el soporte para almacenar programas hasta mediados del siglo XX. Y podríamos pensar que eso es todo, que ahí acabó el papel como medio de almacenamiento mecánico, pero lo cierto es que con la mejora de los sistemas ópticos digitales, el papel continuó almacenando números legibles

por máquinas por ejemplo para la banca, códigos de barras, códigos QR -con tecnología óptica-digital más avanzada-, incluso almacenaron videojuegos completos en papel legibles con un lector óptico como el Nintendo E-Reader para la videoconsola Game Boy Advance, que vendía cartulinas con juegos completos impresos en ellas. Actualmente es uno de los soportes más utilizados para almacenar pequeñas cantidades de datos: en parkings públicos, logística, códigos de barras de productos, almacenamiento de direcciones web en publicaciones usando las cámaras de los móviles como lectores, realidad aumentada, y muy presente también en robótica para que las máquinas identifiquen objetos de forma sencilla. La vida útil del soporte, que es papel hecho con árboles triturados, es de unos 50-100 años. Es interesante recordar que los libros anteriores al siglo XX (y finales del XIX) estaban hechos con fibras vegetales y animales que eran más resilientes al tiempo que el papel actual. Esto es un problema a la hora de preservar libros del siglo XIX y XX. Para almacenar datos, sin embargo, es mucho más resiliente que el resto de medios de almacenamiento. Un anecdótico ejemplo: al principio de la invención del cine se usó papel para almacenar películas enteras, fotograma a fotograma, impreso en hojas, algo que ha permitido conservar algunas películas mudas de los inicios del cine, después de que los originales en celuloide se quemaran o degradaran. No obstante, el papel tiene una densidad de datos a almacenar muy limitada, y suele quedarse antes obsoleto el aparato usado para su lectura, con lo que podemos perder la capacidad de leer estos datos con el tiempo por no tener la herramienta necesaria.

CINTAS MAGNÉTICAS

Llevan ya un tiempo entre nosotros. Se inventaron en el siglo XIX, pero su uso se popularizó en los años 40 y 50 del siglo XX, siendo usadas masivamente por la televisión para sus archivos, y sustituyendo en la informática al papel perforado. Luego fueron pasando al mercado doméstico para almacenar audio y video de forma analógica, siendo en los años 80 y 90 una forma económica de almacenar información digital. Sus pros son una fabricación relativamente sencilla del soporte: es una tira con una capa de material ferromagnético que cambia sus propiedades físicas (orientación de cargas en átomos) al ser escritas y leídas por un cabezal magnético. Se han usado, por ejemplo, en tarjetas de crédito, tickets de metro, ordenadores en forma de casetes, rollos, y se podría decir que el disco duro es una evolución más complicada de una cinta magnética. Podríamos meter también en el grupo de cintas magnéticas a los disquetes de varios tipos y densidades que vivieron con nosotros en la era de la microinformática en los años 70, 80 y 90 siendo reemplazados en los ámbitos domésticos por los discos duros, memorias USB y CD. Su longevidad es "alta" si se mantienen en buenas condiciones ambientales, unos 30 años pueden aguantar sin problemas. El problema, de nuevo, no es el soporte en sí, sino la tecnología para leer los datos. La tecnología va cambiando, los formatos también, y se dejan de fabricar unidades lectoras de cintas de 2 generaciones anteriores con lo que al final lo que pasa es que cada 5 años tienes que cambiar todo tu archivo de cinta por uno nuevo que lea las nuevas cintas y deje de leer las antiguas, reemplazando todo: cintas y equipos de lectura. Actualmente se usan las cintas magnéticas para almacenar los grandes archivos en las empresas de cine, así como en las cadenas de televisión, que almacenan toda su programación emitida en cintas. Más concretamente hablaré luego de la tecnología LTO, que es el estándar mundial. Este tipo de cintas magnéticas junto con los discos duros y los discos SSD, soportan la mayoría de carga de almacenamiento de la humanidad, aunque a nivel consumidor, nadie las conozca.

DISCOS DUROS

Los discos duros, inventados en los años 50, se pueden considerar una evolución de las cintas magnéticas. La información se almacena en discos que pueden ser accedidos de formas más rápidas que en las cintas, pues a diferencia de un cabezal estático por el que debe pasar todo el rollo de una cinta magnética, en los discos duros, es el cabezal el que se mueve a través de la superficie del disco mientras éste gira. La vida útil de un disco duro suele ser de entre 3 a 5 años en el mundo de la industria. Seguro que algún lector puede asegurar que el disco duro que tiene en su casa tiene 10 años y sigue funcionando, pero la realidad es que con los niveles de fiabilidad que requiere el almacenamiento, se considera que a partir del tercer año, el disco ya ha cumplido con su vida útil y lo que dure a partir de ahí, es vida extra. Además, la capacidad de los discos duros no para de aumentar, con lo que se suelen reemplazar antes de que su vida útil llegue a su fin. Como pasa con el resto de tecnologías informáticas de almacenamiento que estamos analizando, también quedan obsoletos los puertos de conexión y transmisión de datos, con lo que pasado un tiempo, ya no hay ordenadores que puedan entender las conexiones de esos discos y toca reemplazarlos. Actualmente los discos duros junto con las cintas LTO, y en menor medida los discos SSD, se puede decir que son los pilares tecnológicos sobre los que se basa nuestra civilización de la información. La densidad de información que pueden almacenar no para de crecer y todavía parece que nuevas tecnologías van a ampliar su capacidad algunos años más. En 2020 los discos duros tienen capacidades máximas de hasta 20 TB, pero cuando en el futuro leas esto, tal vez sean unos pocos más, suponiendo que todavía se fabriquen ordenadores.

DISCOS COMPACTOS, DVD, CD Y BLU RAY, M-DISC, Archival Disc

Los discos compactos llevan entre nosotros mucho tiempo también, al igual que otras tecnologías son la evolución de la evolución de algo. Podemos hablar de cajas de música en forma de disco que evolucionaron en discos de audio de pizarra, que evolucionaron en los LaserDisc que eran audio y video analógico. Y esa es la clave, los LaserDisc utilizan un láser que no toca la superficie del disco para leer y escribir datos. El LaserDisc que se empezó a comercializar en los años 70, dejó paso a los formatos digitales de CD en los años 80, DVD en los 90 y BLU-RAYS en el presente.

En el caso de los discos reescribibles, un láser quema la superficie, imitando a los agujeros de los discos compactos originales. Ha habido muchos tipos y formatos de discos compactos que se han quedado a medio camino de triunfar como el Archival Disc con capacidades de hasta 1TB, Holographic Versatile Disc (HVD) de 6TB, o los HD-DVD que perdieron la batalla contra los Blu-ray. Lo más "novedoso" últimamente son los discos M-DISC que, como innovación, pretenden ser mucho más duraderos y resilientes que los discos normales, siendo compatibles además con los discos compactos normales, para ello usan un grabador con un rayo láser más potente. En cuanto a durabilidad, todavía podemos escuchar discos de audio digital CD de los 80 y ver películas en LaserDisc de los 70, pero ya empiezan a descomponerse por los bordes. Los discos reescribibles, que son los que nos interesan para almacenar, empiezan a perder datos a los 10 años. Se supone que los M-DISC pueden durar cientos de años, pero no, al menos en las pruebas que se han hecho, no parecen especialmente resistentes. Pero la batalla en el mundo de los discos compactos no ha acabado, en 2020 todavía hay un proyecto que quiere competir con los actuales reyes, que son los discos duros y las cintas LTO. Sony lo llama Optical Disc Archive y son unos packs de 11 discos Archival Disc que van como en unas cajas y que pretenden, como digo, competir en el "Cold Storage o Almacenamiento Frío" (en el que copias una cosa y lo guardas literalmente en un armario hasta que te haga falta), que es el mercado actual de las cintas magnéticas LTO. Estos cartuchos rellenos de discos compactos tienen una capacidad de casi 6TB y prometen una durabilidad de 100 años, pretenden ser el formato del futuro para guardar los archivos del mundo, que a día de hoy, siguen buscando el mejor formato de almacenamiento.

DISCOS DUROS SSD, MEMORIAS USB, TARJETAS DE MEMORIA

Toda esta familia de almacenamiento se basa en nanoelectrónica de transistores, es decir, que son parecidas a los procesadores y suelen ser las mismas fundiciones y fábricas de procesadores las que trabajan las obleas para memoria de estos dispositivos, con lo que recomiendo leer mi artículo de *El fin de la memoria (I): Procesadores, Peak Computing*. Este tipo de almacenamiento está sustituyendo rápidamente parte del mercado del almacenamiento a corto plazo por su rapidez, sobre todo en portátiles y ordenadores de sobremesa donde está instalado el sistema operativo, y en grandes empresas que usan grandes bases de datos y necesitan que la respuesta de los discos sea rápida. En el mercado doméstico, como digo, tarde o temprano se acabarán los discos duros convencionales en lo que a disco de sistema operativo se refiere, de hecho serán más bien chips tipo NVMe, ni siquiera discos de 2.5 SSD. Por ahora, sin embargo, no sustituyen a los discos duros en capacidad total, pues aunque es posible fabricar discos SSD de prácticamente cualquier tamaño -solo es cuestión de apilar más y más chips de memoria en un encapsulado-, todo esto es muy costoso, aún en 2020. Muchos sueñan con que sea una alternativa al almacenamiento a medio plazo, pero yo pienso que la nube sustituirá completamente a los datos locales en la década de 2020 a 2030 y los usuarios se conformarán con sistemas de reducida capacidad. Los problemas que tienen los SSD y de los que nadie habla, son que en un entorno empresarial pueden llegar a durar poco, muy poco, entre 1 y 3 años, pues se degradan rápidamente con el uso. Es decir, que según vas leyendo y sobre todo escribiendo datos, se van rompiendo celdas de memoria. Otra cosa que no se suele decir, es que la radiación les afecta mucho más que a un disco duro magnético y pueden perder datos por temperaturas elevadas. En condiciones poco óptimas y si están apagados, pueden empezar a perder datos en 6 meses, es cierto que para que esto pase hace falta que haga mucho calor o mucho frío, pero el tema es que, por diseño, son cargas atrapadas que pueden salir volando por radiación espacial, calor, o de forma espontánea. Para luchar contra esta degradación y la de las escrituras, precisan de procesadores y memoria que va embebida dentro del mismo disco SSD, que también necesitan alimentación y su función es hacer complejas operaciones para la búsqueda de errores y su corrección. Con lo que su idoneidad para almacenar información a medio y largo plazo es descartada por los archivos mundiales, además de su elevado coste por unidad de almacenamiento. No obstante, el total de memoria producida anualmente, está haciendo sombra a los discos duros, aunque a bastante distancia aún, pero hablaremos de eso luego. Es importante darse cuenta de la complejidad en su fabricación, pues son ordenadores completos en forma de soporte de almacenamiento, con lo que hace falta la tecnología de los procesadores más la del almacenamiento.

EL ALMACENAMIENTO DE DATOS MUNDIAL

Ahora que ya hemos repasado los actuales sistemas de almacenamiento más comunes y su vida útil, si no has empezado a preocuparte, deberías. Estamos hablando de que toda la información mundial está almacenada en aparatos que, como mucho, pueden durar 10 años. Básicamente toda la información que producimos todos los años está almacenada en:

- Discos duros.
- Cintas magnéticas LTO.
- Discos duros SSD.

El resto: o ya no se usan, o se usan muy poco en comparación o nunca se han usado de forma masiva para almacenar grandes cantidades de datos. Eso sí, pueden estar en tu casa o en datacenters en la nube, pero solo en esas 3 formas. El mercado de los CD, DVD y BD está cayendo rápidamente debido a los servicios de streaming, los CD-R, DVD-R y BD-R también están cayendo, pero es terriblemente difícil encontrar información sobre las ventas, de hecho, este artículo te va a dar información que me ha costado mucho conseguir: me refiero a información que cuesta LITERALMENTE mucho dinero obtener, hay empresas especializadas en obtener este tipo de datos y que los venden relativamente caros, como 2.000 a 6.000 $ por unos informes en PDF, que suelen estar destinados a grandes inversores, interesados en conocer los mercados de almacenamiento para invertir su dinero. Pero hay truquillos para acceder a esa información gratis.

¿CUÁNTO ALMACENAMIENTO SE FABRICA EN EL MUNDO AL AÑO?

Datos de 2018: 0,96 ZETTABYTES = 962 EXABYTES = 962.000 PETABYTES = 962.000.000 TERABYTES = 962.000.000.000 GIGABYTES

Esta es la respuesta a lo que quizá te has preguntado alguna vez, la capacidad mundial de fabricación de espacio para almacenar información digital. 800 EB corresponden sólo a los discos duros y 112 EB a SSD fabricados en el año 2018. A esta cifra habría que añadirle los 50 EB fabricados en cintas magnéticas LTO. Con esto nos hacemos una idea del total, más o menos. **Podemos decir que en 2018 se fabricaron 962 EXABYTES, sumando las 3 grandes formas de almacenar.**

1. DISCOS DUROS = 800 EXABYTES
2. SSD = 112 EXABYTES
3. LTO = 50 EXABYTES

En 2019 fueron de forma aproximada un 15% más: 1060 Exabytes (1,06 Zettabytes) Y en 2020 con el coronavirus la producción cayó un 20%. Y esto es todo, toda la información que subimos a la nube, todo Google y Facebook y Amazon, lo que tenemos en el móvil, en los discos duros y los archivos del mundo, en 2018 todos ellos suman 962 EXABYTES, para 2019 unos 1060 EXABYTES, y en 2020 probablemente de nuevo 1060 EXABYTES, para nada un crecimiento exponencial como algunos esperaban para los próximos años.

¿CUÁNTO ALMACENAMIENTO HAY REALMENTE EN EL PLANETA TIERRA DIGITAL?

Teniendo en cuenta todo lo fabricado en los últimos 5 años, que suele ser la vida útil de todo, sumándose, y siendo muy optimista:

3 ZETTABYTES = 3.000 EXABYTES = 3.000.000 PETABYTES = 3.000.000.000 TERABYTES = 3.000.000.000.000 GIGABYTES

Predecían en 2018 (IDC)[41] que para 2020 el total de bits fabricados serían de 2.3 Zettabytes, (2300 Exabytes), pero ya veis, entre el Peak Oil y el Coronavirus al final fue 1.6 Zb. Cuando busco información sobre cómo será el futuro, me encuentro con auténticas barbaridades optimistas, y es que claro, si se calcula el tamaño medio de los discos duros año a año ¡el futuro

41 https://blocksandfiles.com/2020/05/14/idc-disk-drives-will-store-over-half-world-data-in-2024/

va a ser increíble! En 2012, esta infografía[42] especulaba con 8 Zettabytes para 2015 y tampoco acertaron ni de lejos, en 2014 apenas se fabricaron 0,5 zettabytes. Y es que el futuro no está siendo tan optimista como se predecía, ni el almacenamiento crece de forma exponencial, como muchos creen. La sociedad de la información crece tímidamente en espacio año a año, la realidad es mucho más discreta de lo que soñaban algunos. En 2018 se fabricaron 962 EB (0,96 ZB), para 2019 llegamos a 1,06 ZB (1060 EB), en 2011 fueron 335 EB y en 2017 780 EB. Y teniendo en cuenta que, como digo en este artículo, un SSD dura unos 3 años y un disco duro unos 5 años en los datacenters... **Siendo muy optimistas, en los últimos 5 años se han fabricado y podrán estar en uso en servidores y ordenadores y en casa unos 3-5 ZettaBytes, no puede haber más datos almacenados que discos duros, discos SSD y cintas LTO fabricadas. Otra cosa distinta es el tráfico diario, eso sí que puede ser superior**, porque se van distribuyendo copias de archivos que son visualizados y borrados continuamente de los ordenadores, como por ejemplo las películas por streaming, que tienen copias en varios servidores, las descargamos para verlas y luego se borran.

EL PEAK MEMORY

Aun así, parece que cada año hay más almacenamiento, que fabricamos más y más discos que el año anterior ¿no? Y es que todos estos datos tienen truco, o más que truco, omiten lo más importante: las ventas de medios de almacenamiento -excepto discos SSD, que todavía no ha llegado a su PEAK-, están ya bajando de sus máximos históricos en unidades vendidas, es decir, que discos duros y cintas LTO, hace años que llegaron a su PEAK DE VENTAS POR UNIDADES.

EL PEAK MEMORY DE LAS CINTAS MAGNÉTICAS LTO

Las cintas LTO, que son las que usan todos los archivos del mundo, universidades y televisiones públicas y privadas, "solo" supusieron 50 Exabytes (sin compresión) y es más, en lo que a ventas de cintas en unidades, no en capacidad total, los datos son mucho peores. Para empezar, cuando buscas información, resulta que te dicen que cada año son más y más exabytes los que producen, pero estos datos están inflados al 50% porque te venden que es usando compresión. Este es un truco muy viejo de las cintas LTO, que siempre te dicen la capacidad de datos comprimidos para exagerar las capacidades de las cintas, supongo que porque se usan mucho para bancos y cosas así, y ahí sí que puede que los datos comprimidos sean importantes, pero cuando nos vamos a archivos -por ejemplo, de vídeo-

42 https://siliconangle.com/2012/05/21/when-will-the-world-reach-8-zetabytes-of-stored-data-infographic/where-is-your-data-final-5a/

cuesta creer que la compresión sea siquiera de un 1%. En esta noticia de 2018,[43] vía HPCwire, nos dicen lo mucho que crece el espacio total de almacenamiento de las ventas LTO. El problema es que las cintas cada vez tienen más capacidad, pero cada vez se venden menos. Y es que cada vez hay menos fabricantes de cintas LTO, simplemente no es rentable en mercados que se reducen un 50% y con mucha competencia. Actualmente solo quedan 2 fabricantes: SONY y FUJIFILM. Y por si fuera poco, andan metidos en guerras de patentes para reducir su competencia por un trozo de pastel que cada vez es más pequeño. La batalla de patentes SONY vs FUJIFILM probablemente deje fuera del mercado americano (y tal vez mundial) a SONY y no siga fabricando cintas LTO. Tal vez por esto, SONY está probando lo que dije más arriba de discos compactos que sustituyan a las cintas en la próxima década. FUJIFILM es probablemente el único fabricante que vende ya cintas LTO, y de hecho, la última generación de cintas -las LTO 9- está paralizada y las LTO 7 y LTO 8 escasean, a la espera de que la guerra de patentes acabe.

Y este es uno de los problemas que afectan al mundo de la tecnología, y es que cada vez hay menos empresas: en el mercado LTO, donde antes había 6 empresas, ahora sólo quedan 2. Una "simple" batalla legal de patentes puede paralizar un producto "vital" en todo el mundo del archivo digital, en este caso, algo tan importante como el almacenamiento para la sociedad de la información:

- Agotado: Cómo sobrevivir a la escasez de cinta LTO-8.[44]
- El futuro de la nube depende de la cinta magnética. Una brutal batalla legal entre Sony y Fujifilm podría amenazar los suministros.[45]
- FUJIFILM Corporation recibe una determinación final favorable en el caso del ITC de los Estados Unidos contra Sony Corporation.[46]
- LTO DISCONTINUED.

Y la realidad es la siguiente[47]En 2008 se vendían 800.000 cintas LTO al año, en 2010 unas 400.000, y en 2018 sólo 250.000. Por poner en

43 https://www.hpcwire.com/off-the-wire/record-breaking-amount-in-total-tape-capacity-shipments-announced-by-the-lto-program/
44 https://www.backblaze.com/blog/how-to-survive-the-lto-8-tape-shortage/
45 https://www.bloomberg.com/news/articles/2018-10-17/the-future-of-the-cloud-depends-on-magnetic-tape
46 https://www.fujifilm.com/news/n180309.html
47 https://en.wikipedia.org/wiki/Linear_Tape-Open#Market_performance

perspectiva, en 2019 se vendieron 320.000.000 discos duros y 64.000.000 de discos SSD. Luego hablaremos de ellos. Entonces, esto hace que las empresas tengan que pelear por un mercado terriblemente menor, pues lo que importa es el número de unidades vendidas, no su capacidad. Las cintas LTO llegaron a su PEAK EN 2008. No obstante, yo pienso que la tecnología de cinta magnética LTO aún puede dar alguna alegría si se consiguen cintas de alta densidad que puedan almacenar hasta 300 TB por cinta en el futuro, o juntando varias en algún sistema de pack de cintas LTO, como proyecta Fujitsu. Mi opinión es que, ciertamente las cintas, con sus 30 años de duración y su baja tecnología en la unidad -que viene a ser un trozo de plástico recubierto de material magnético, estando la complejidad en el lector- podrían, en un futuro de baja energía, volver a ser el medio preferido, pues discos duros y sobre todo los discos SSD son terriblemente complejos de fabricar, ya que cada unidad tiene dentro un ordenador completo.

EL PEAK MEMORY DE LOS DISCOS DUROS

Llegamos al fin a analizar al producto estrella, el que probablemente tenga casi todos nuestros datos vitales almacenados en algún sitio, el disco duro. Juventas en Wikimedia Commons / CC BY-SA.

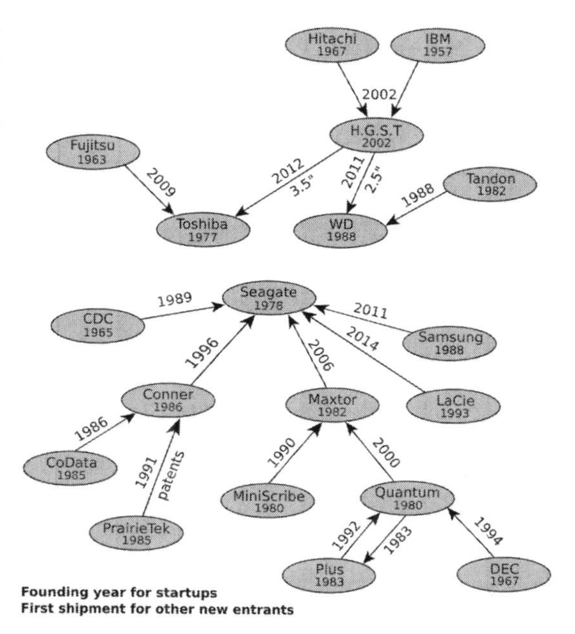

En número de discos duros por año, estamos en unos 310 millones de discos fabricados en 2019, para 2020 se calcula que serán menos de 300 millones. El peak de unidades vendidas fue en 2010, con más de 650 millones. Es decir que, en lo que a unidades vendidas, estamos ya en la mitad de ventas que hace 10 años, casi nada.

No obstante, en lo que a almacenamiento total se refiere, estamos en los 820 EB el año (2019), en 2011 fueron 335 EB y en 2017 780 EB.

Aunque las ventas caen, la capacidad aumenta, con lo que todavía no hemos llegado al "PEAK MEMORY" de almacenamiento, pero si a su PEAK SALES en 2010, no obstante sí que se ve ya una fatiga en los exabytes que me hacen pensar que estamos MUY CERCA DEL PEAK MEMORY de los discos duros y que será también el PEAK MEMORY de la civilización. Por otro lado, ya sólo quedan 3 fabricantes de discos duros de los 200 que ha habido en el mundo: Seagate (40%), Western Digital (37%) y Toshiba (23%). Esto, como ya pasaba con los procesadores en mi otro artículo, *El fin de la memoria (I)*, o como acabo de comentar, de las cintas LTO, es un problema serio. Pocas empresas para unos productos que usan las sociedades de la información como pilares básicos, todos dependientes de que todo siga funcionando. Los motivos son dos: el primero es la complejidad del producto, que impide que cualquier empresa pueda fabricarlo y el segundo, la caída de la demanda a más de la mitad desde su PEAK, hace 10 años, que impide que sea rentable la competencia.

EL PEAK MEMORY DE LOS DISCOS SSD

Los discos SSD todavía crecen en lo que a ventas se refiere, son solo 100 EB de los 1.060 EB de capacidad anuales que se fabricaron en 2019, pero tienen recorrido quitando mercado a los discos duros, que siguen siendo los reyes. En 2019 las ventas crecieron un 21% respecto a 2018 (60,2 Millones). En 2020, no obstante, el coronavirus de seguro afectará a los números en el primer cuarto del año. Probablemente sea 2020 el pico de los SSD, pues ya se veía cierta fatiga en ventas en 2019.

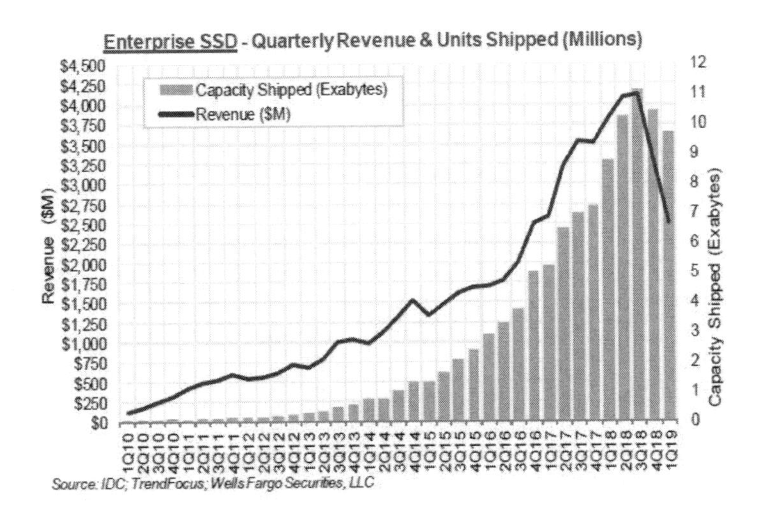

Los ingresos de SSD disminuyeron pero los envíos aumentaron durante el primer trimestre, vía Blocks&Files.[48]

En el tema de **dónde y cuántos fabricantes** quedan de memorias SSD, al ser un mercado en crecimiento, **hay más empresas** que en otros formatos de almacenamiento, pero que **ya van siendo poco a poco absorbidas o compradas** hasta que, al igual que en otros medios de almacenamiento, vayan quedando pocas:

- **Samsung (COREA DEL SUR)**, (29,9%). Tiene fábricas en Corea del Sur y China.

- **Kioxia (JAPÓN)**, (20.2%). Es una subsidiaria de TOSHIBA, compró a otro fabricante -LiteOn- en 2019 y comparte instalaciones en Japón con Western Digital.

- **Micron Technology (EE.UU.)**, (16.5%). Tiene fábricas en EE.UU., China y Taiwán. No para de comprar empresas de memorias y, como buena empresa americana, anda en fregados de denuncias de patentes. Trabaja con Intel en algunos tipos de chips.

- **Western Digital - SanDisk (EE.UU.)**, (14.9%). Fabrica en Taiwan, Tailandia, China, Japón y EE.UU.. Adquirió la Japonesa HGST (Hitachi) y SanDisk.

- **SK Hynix (COREA DEL SUR)**, (9.5%). Fabrican en Corea y China, es una subsidiaria de Hyundai, y es uno de los grandes fabricantes de semiconductores del mundo. Absorbió la parte de semiconductores de LG.

- **Intel (EE.UU.)**, (8.5%). Con fábricas en China, EE.UU. y otros países.

Si os fijáis, más o menos están siempre las mismas empresas fabricando discos duros, memorias SSD y procesadores, RAM. Y eso que en memorias flash todavía hay mucha competencia, pero poco a poco serán absorbidas por las grandes del planeta. **Esto nos da una idea de hasta qué punto, la llamada "Sociedad de la Información" realmente son 10 empresas y unos pocos países.**

LOS EVENTOS

48https://blocksandfiles.com/2019/06/03/ssd-revenue-and-shipments-down-in-the-first-quarter/

Antes de llegar a la conclusión, hay un tema muy importante que hay que tratar, yo lo llamo "los EVENTOS". Un evento es algo que pasa en el mundo, que hace que la fabricación de almacenamiento se reduzca, puede ser por un día, una semana, meses o años. Cuando llega un evento de estos, se pone a prueba la resiliencia en la fabricación mundial de medios de almacenamiento. Como si de monjes cartujanos se tratara, los fabricantes de discos duros distribuyen su producción por varios países para que estos eventos no afecten al 100% su producción, al menos algunos así lo hacen. Los eventos pueden ser geopolíticos: guerras, sanciones, guerras comerciales... Pueden ser climatológicos: inundaciones, tormentas, terremotos, tsunamis, incendios... Y también pueden ser epidémicos: en 2020 llegó una epidemia de coronavirus. Pueden ser simplemente errores, fallos en el sistema, un corte de luz, un equipo que no hace lo que debería hacer. Por último, pueden ser legales: patentes, mercados y leyes.

Analicemos algunos eventos del pasado:

> **El evento de patentes** de las cintas LTO que comentaba antes, es tal vez el más serio: una guerra entre los dos únicos fabricantes de cintas magnéticas tiene o tuvo bloqueado el mercado mundial y está impidiendo que se fabriquen las nuevas versiones de más capacidad. Archivos, empresas de cine y televisión están viéndose obligados a buscar otras alternativas como nubes en internet basadas en discos duros. Algo parecido ha usadio EEUU para impedir que China fabrique procesadores de última generación.
>
> **El evento fallo en el sistema**. En junio de 2019, Kioxia, fabricante de memorias flash -propiedad de Toshiba- sufrió un corte de luz en sus fábricas de Yokkaichi, Japón. El corte de luz duró 13 minutos, y durante ese tiempo se perdieron entre 6 y 15 Exabytes de memorias nand y maquinaría ultra compleja. Además esta fábrica de Kioxia se comparte con otro fabricante, Western Digital, pues lo complicado de fabricar este tipo de productos hace que, incluso empresas que son competencia, compartan tecnología para poder fabricar estos productos tan complejos. Algo parecido pasó en Diciembre de 2020 en la empresa Micron, Taiwán, donde un apagón de 1 hora afectó al 10% de la producción mundial de memoria DRAM de ese año y 2021, haciendo que subiera de precio durante unos meses.[49] Incluso un sólo minuto pasó factura a Samsung en enero de 2020.[50]

49 https://www.muycomputerpro.com/2020/12/06/micron-sufre-un-apagon-en-una-de-sus-fabricas-y-podria-afectar-al-precio-de-la-dram/amp
50 https://www.techpowerup.com/262566/minute-long-power-outage-at-samsung-plant-damages-millions-worth-dram-and-nand

Tardaron 1 mes en recuperar la producción. Para hacerse una idea de cuánto son 15 Exabytes de memorias SSD, recordemos que la producción anual de almacenamiento SSD es de 120 EB, es decir que fue un 12-14% de la producción anual. O si lo comparamos con las cintas magnéticas que se fabrican al año (10 EB), este evento perdió más capacidad que todas las cintas LTO juntas de 2019. Recordemos, 13 minutos. ¿Cómo afectaría una guerra o algo más grave a la producción de memorias?

El evento epidemia. El coronavirus de 2020, desde un punto de vista de eventos, es interesante. El motivo es que, a diferencia de un evento en una zona o un país, está actuando en varios países productores de tecnología de Asia, China, Corea y Japón, y puede afectar en un futuro a otras partes del planeta. En estos casos, la técnica de tener las fábricas repartidas por todo el mundo puede no ser eficaz, no obstante, veremos cómo afecta a la producción de memoria de 2020. He escrito un artículo sobre este evento, en concreto aquí: *#Coronavirus El evento que afectará a la sociedad de la información mundial*.

El evento incendio. En 2013 un incendio en las Fab 1 y 2 de China de SK Hynix, hizo que las acciones de su competencia subieran, a la vez que los precios de las memorias RAM, durante unos meses, costaron el doble.

El evento catástrofe natural. Ya sea por una sequía que impida fabricar cosas por falta de agua, o por una tormenta que destruya tendidos eléctricos o una inundación que estropee las máquinas o cualquier tipo de accidente debido a lo aleatorio fuera del alcance del control humano. Ha pàsado muchisimas veces en el pasado y sigue pasando.

CONCLUSIÓN

Sería muy optimista pensar en un mundo, donde pasemos de 2 ZETTABYTES fabricados al año (o lo que es lo mismo, 2.000 EB), pero viendo los distintos tipos de almacenamiento y que la energía se acaba, tal vez la humanidad haya llegado a su PEAK MEMORY, rondando los 1,5 ZB al año. Analizando lo que ha pasado con las cintas LTO, lo que está pasando con los discos duros y lo que pasará con los SSD, tal vez 2020 - 2025 sea mi pronóstico para el PEAK MEMORY o máxima capacidad de memoria para almacenar, fabricada por la humanidad al año. Probablemente todo esto sea un reflejo de la más que probable reducción energética mundial, por haber llegado o estar de camino de los PEAKS de petróleo, material nuclear, y carbón que orbitan sobre la realidad de la primera mitad del siglo XXI. Desde luego, ha sido la década de 2010 a 2020 la del PEAK, la que ha visto los picos en unidades fabricadas de las cintas LTO y DISCOS DUROS. Y los SSD, aún creciendo, veremos si pasan de los 70 millones de unidades fabricadas o este es su techo y los 100 EB al año. Pero solo viendo las progresiones, por mucho que aumente la capacidad por unidad, como el número de unidades vendidas no para de caer, parece que estamos a punto de llegar al punto de inflexión en el que la sociedad de la información perderá información, el momento en el que la capacidad total mundial sea menor año a año, que empiecen a subir los precios para mantener la fabricación cada vez más escasa y se acabe poco a poco con la memoria mundial digital. Esto dejará fuera, supongo, primero a los usuarios particulares y pequeñas empresas, que tendrán casi todo en la nube y su capacidad de almacenar en casa - empresa acabará siendo nula, quedando al final, solamente nubes que irán decreciendo hasta que solo estén en manos de gobiernos, universidades y bancos, como pasaba en la segunda mitad del siglo XX. Este decrecimiento de la sociedad de la información al que vamos de cabeza, lo extenderé más con más detalles -tengo una opinión muy concreta y clara de cómo será- en El fin de la memoria (III) Internet, y sucederá poco a poco y de forma muy sutil, o de golpe, si como digo, empezamos a encadenar eventos, y reducciones energéticas rápidas, guerras, epidemias, etc. Las reducciones lentas son las que me parecen más curiosas, pero las rápidas serán como siempre: violencia, guerras, destrucción y muertes…

Los precios medios de los discos duros dejaron de caer hace tiempo (por unidad, no por tamaño), lo mismo con los LTO, sólo los SSD parecen tener recorrido en lo que a precio por unidad, pero sin energía suficiente y con sistemas tan complejos para fabricar las memorias SSD, probablemente sean las primeras en caer en la década que acabamos de empezar, aunque parezca totalmente contraintuitivo, pues es “la tecnología del futuro”. Mi predicción va más allá, probablemente las cintas magnéticas que llevan ya más de un siglo con nosotros, nos den alguna sorpresa en el mundo de la informática, mientras cae la complejidad en los próximos años. Ahora mismo se necesita muchísima energía y supertecnología para ir fabricando los 1.000 EB de almacenamiento que van sustituyendo a los aparatos de hace 5 años, dejándonos un constante de unos 3.000 EB de almacenamiento que se va renovando año tras año con más y más energía.

¿Qué pasará con toda la información que hay ahora mismo almacenada? ¿Qué pasará con esos 3 Zettabytes, (3000 EB) DE DISCOS DUROS, SSD, y cintas LTO que ahora mismo tenemos activas porque vamos renovando cada 5 años al ritmo de 1.000 Exabytes al año?

¿Cómo afectaría un evento prolongado en el tiempo, si como dijimos cuando hablamos de los eventos, un corte de luz de 17 minutos acabó con el 15% de la producción de SSD de 2019? Imaginad una guerra, una epidemia, un corte en alguna ruta comercial, o las más que estudiadas y esperadas reducciones energéticas. En esos 3 Zettabytes que durarán 5 años y que deben ser renovados todos los años con 1 Zetabyte nuevo que reemplace al Zetabyte más viejo, están todos los vídeos de YouTube, todas las administraciones públicas de todos los países, bancos, bitcoins, todas las grabaciones de televisión que se han digitalizado, toda la música digital, todas las nubes, todas las películas pirata del eMule, los servidores de streaming, las radios online, toda la historia del cine digital, las películas de la Warner, de Sony, las que se han pasado de analógico a digital, todos los libros de los últimos años, universidades, estudios científicos, los datos del colisionador de Ginebra, eBooks, todos los libros digitalizados, todas las páginas webs y toda la información generada desde los noventa del siglo XX. Antes de eso teníamos papel, que dura unos 100 años, y microfilms que tienen fotografiados cientos de miles de periódicos... y antes de eso, los libros hechos con fibras vegetales, los papiros... y antes de eso, las tablillas de arcilla, que desde hace 5.000 años nos cuentan lo que pasaba en el mundo.

En el mundo de los archivos mundiales estas cosas no pasan desapercibidas, hay todo un mundo de expertos pensando qué hacer cuando lo digital falle, por ejemplo, en el mundo del cine se están empezando a guardar en formato celuloide los nuevos estrenos filmados en 4k o 8k, con la consiguiente pérdida de calidad. Por si acaso, usan 3 celuloides en blanco y negro, uno por cada color RGB. ¿Cuánto quedará después de que el petróleo se acabe y no podamos seguir añadiendo 1 Zettabyte al año para renovar estos 3 Zettabytes? Cuando sólo podamos mantener 3 Zettabytes, 3…, 2…, 1…, ¿qué guardaremos en formato digital? Y esta es, amigos, la gran tragedia de la sociedad de la información: 5 años sin fabricar nuevos dispositivos de almacenamiento y se acabó todo... fin.

7. EL FIN DE LA MEMORIA 3
PEAK NET

Pensamos que la red estará ahí siempre, esperando a que la usemos, gastando ingentes cantidades de energía y tecnología que se renueva cada pocos años para mantener todos nuestros datos online y accesibles desde cualquier parte del mundo, pero ¿por qué debería ser siempre así? ¿cuánta energía consume la nube? ¿dónde está?

LA NUBE

Imagen de Gerd Altmann en Pixabay.

Cada vez más, la información que poseemos o que poseen las empresas, acaba en LA NUBE. La nube son ordenadores con discos duros, SSD o cintas magnéticas, alquilados normalmente a grandes empresas de la nube que te permiten acceder a esos datos de forma remota, normalmente por internet. También tienen procesadores para hacer cálculos, pero aquí vamos a hablar de almacenamiento.

Ningún proveedor te dice de qué tamaño es su nube, pues daría pistas de su volumen de negocio e infraestructuras. Apenas he encontrado datos más modernos que 2012 donde la nube podría ser de aproximadamente 2 Exabytes. Teniendo en cuenta que en 2019 se vendieron 900 Exabytes, es más que probable que gran parte de este almacenamiento esté ahora dedicado a la nube, pues los particulares se conforman con pequeños discos SSD para sus PCs y portátiles. En 2020, la nube "pública", la que se puede contratar por empresas o particulares, es prácticamente ya de 4 empresas: Amazon (47%), Microsoft (22%), Google (7%) -todas estas americanas- y Alibaba (8%), China. El resto de empresas de la nube están cayendo, y poco a poco desapareciendo o siendo absorbidas. Luego hay otras muchas nubes privadas de grandes empresas, proveedores de internet, gobiernos y agencias. En 2020, el 60% de las empresas europeas tenían ya parte de su infraestructura en la nube.

Las nubes son almacenes repartidos por todo el mundo, llenos de ordenadores, los hay debajo de bancos, dentro de edificios públicos, escondidos en emplazamientos secretos, en la Antártida, en las estepas rusas y chinas, en medio del campo en Teruel, a cientos de metros bajo tierra en búnkers de la segunda guerra mundial, incluso los hay flotando en el lecho marino. Normalmente buscan que la energía sea barata, que esté cerca de donde hay que servir los datos, y que no haga mucho calor, pues todo eso son costes adicionales, no obstante podemos encontrar, como digo, CPDs o centros de procesamiento de datos en casi cualquier lugar del mundo.

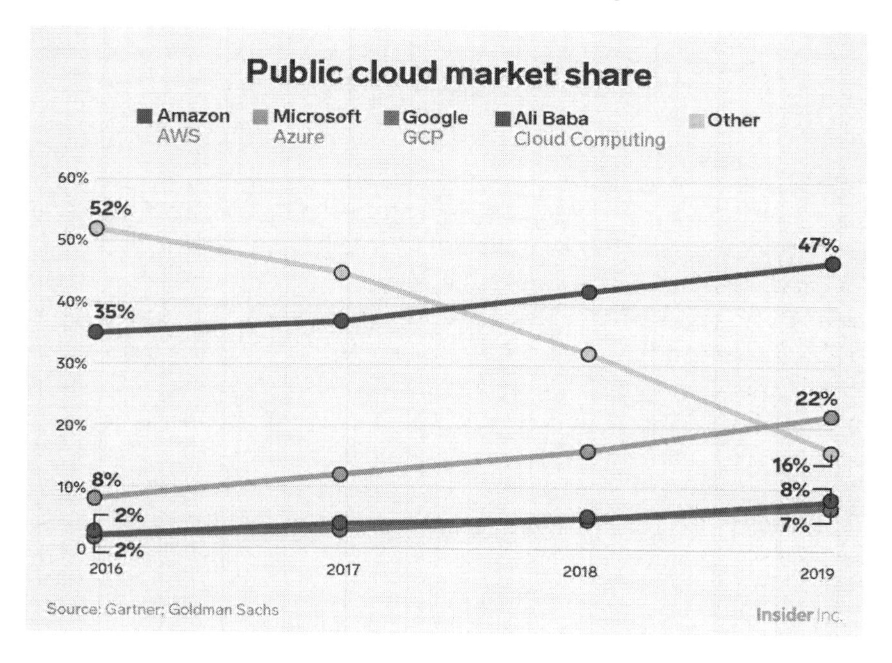

La nube está formada por ordenadores con millones de discos duros (HDD sobre todo, aunque discos SSD también y cintas LTO) que están siempre encendidos y que se van estropeando y siendo cambiados por otros continuamente. Como hablamos antes, la producción anual de discos duros es de unas 300.000 unidades que sirven, sobre todo, para ir reemplazando los discos duros que se van rompiendo en los datacenter de la nube, o para ampliar las mismas con nuevos equipos y almacenamiento. Teniendo en cuenta todo esto, y que la vida útil de los discos duros suele ser de 5 años, tenemos un inmenso monstruo llamado nube conectado a la red que, cada vez más, acapara todos los datos de todo el mundo, nuestras fotos, nuestros servicios públicos, los archivos municipales, las empresas, las comunicaciones... todo acaba en estas nubes repartidas por todo el mundo y que continuamente se van renovado a un ritmo de "renovación total" cada 5 años. Algo parecido a lo que le pasa a Internet, de lo que ya he hablado en *Páginas web "low tech", y un internet sostenible* y de lo que hablaré en el último artículo de esta trilogía , *El fin de la memoria (III): Internet.*

Como decíamos al principio, cualquier nativo digital nacido después del año 2000, probablemente haya usado únicamente los datos almacenados en la nube para su formación, para sus búsquedas, para su ocio y para el almacenamiento de su vida en redes sociales, (fotos y otros archivos). Para el nativo digital, todo está en la nube.

Todo lo que tenemos en el siglo XXI, está ahora mismo en un sistema que consume ingentes cantidades de energía, que se va consumiendo y necesita ser renovado cada 5 años. Y que tiene una capacidad de entre 1 y 5 Zettabytes (5000 Exabytes). Si tenemos los datos en casa, tendremos el mismo problema, cada 5 años tendremos que ir moviendo los datos a soportes más modernos, nuevos discos duros, etc. Si no queremos perder la información, habrá que tener al menos 2 copias, es decir, más discos para más copias de seguridad y sistemas redundantes. Antiguamente, para no perder las fotos, solo nos teníamos que preocupar de que no se quemara nuestra casa, en la que había alguna estantería con uno o varios álbumes de fotos con el día a día de nuestra familia, y así había sido desde el siglo XIX, hasta la llegada de la sociedad de la información. Ahora nuestras fotos están en redes sociales, conversaciones de Whatsapp y Telegram, en carpetas de Google Drive o en discos duros en casa (que se van rompiendo con el tiempo).Otro problema de esta sociedad en la nube es que, además, no controlamos quién tiene acceso, o dónde están nuestros datos. No tenemos ningún control sobre ellos, más allá del permiso que nos da o nos quita nuestro proveedor de acceso a la nube. Un día Google Drive cierra tu cuenta y lo pierdes todo. Ya pasó, por ejemplo, con el caso de la nube de

MegaUpload: fue cerrada en 2012 por el FBI en todo el mundo a causa de una denuncia por infracción de copyrights. Afectó no sólo a los usuarios que almacenaban películas en los servidores, sino a cualquier estudiante, profesor o particular que tuviera fotos, archivos, documentos... que de un día para otro desaparecieron, y que a día de hoy, **10 años después, ya no existe, pues los discos duros** que almacenaban todo eso y que siguen en propiedad del FBI, **están rotos.** Hay que tener en cuenta que la empresa era de Hong Kong, y sin embargo, **desde Estados Unidos pudieron cerrar la empresa en todo el mundo. Y el propietario todavía sigue en juicio** 10 años después, para ser extraditado desde Nueva Zelanda a Estados Unidos, **algo que tensiona y cuestiona la justicia internacional**, y obviamente, el control de la gente sobre sus datos en la nube.

ALGUNOS DATOS INTERESANTES SOBRE LAS NUBES MÁS GRANDES

Hablemos de Google

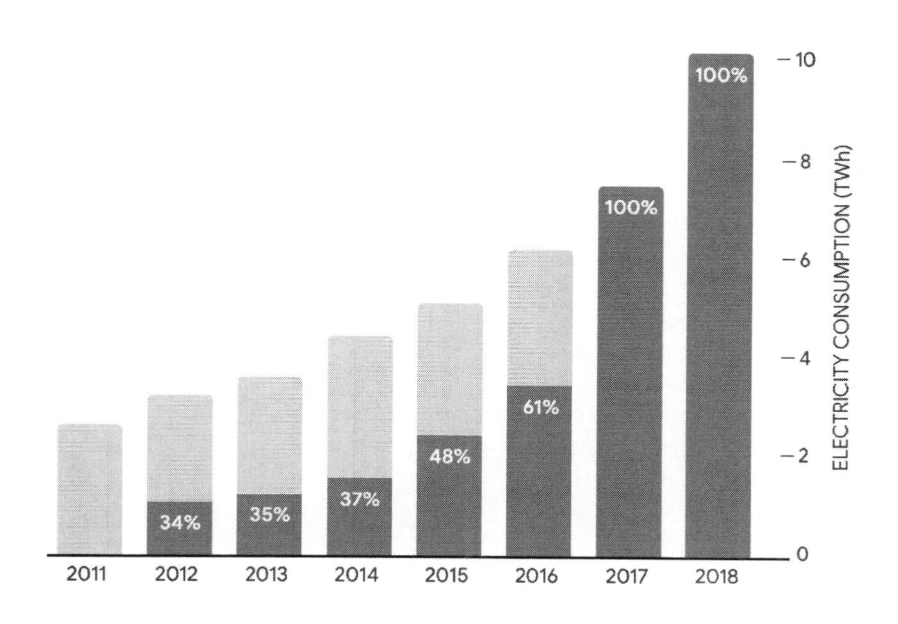

COMPRA DE ENERGÍA RENOVABLE EN COMPARACIÓN CON USO TOTAL DE ELECTRICIDAD. Informe ambiental de Google 2019. (Pdf)

Toda la **infraestructura de Google** en 2019 podría ocupar 15 - 25 EXABYTES, y es probablemente, **la más grande del mundo.** En 2011 el consumo en los centros de datos de Google fue de 2.3 millones de MWh. En 2019 esta cifra aumentó hasta los 10 millones de MWh, pero **dicen que ahora sus centros son más "verdes" y sus equipos consumen menos que hace 10 años...** ¿paradoja de Jevons? Ellos dicen que es todo el consumo eléctrico de Hawai. Para ponernos en perspectiva más local, veamos cuántos hogares españoles son:

El consumo energético (luz y calefacción) promedio de un hogar español es de 9.900 kWh. Google consume 10.000.000.000 kWh, con lo que se podría suministrar energía a 1.041.666 hogares españoles durante todo un año. Si sólo hablamos de electricidad y no calefacción, es todavía más contundente: el consumo medio de un hogar de tres personas es de 3.500 kWh anuales, con lo que **la electricidad que gasta solo Google sería equivalente a la de 2.857.142 hogares.** En España hay 18.535.900 hogares. **Todos estos consumos eléctricos no incluyen, obviamente, otros gastos como conexiones de fibra internacionales, equipos informáticos, renovación de componentes cada 3-5 años... Y como todo lo que está enchufado a internet, hay que tener en cuenta el consumo civilizatorio para fabricar toda la red y para que todo internet funcione y así que Google tenga sentido y llegue a todo el planeta. Esto lo comento mas en mi artículo *Páginas web "low tech", y un internet sostenible*.**

En 2011 Google compraba unas 200.000 cintas magnéticas, lo que probablemente representaba la mitad de toda la producción mundial.

La nube de Amazon Web Services

Imagen de Jmenechino en Freepng.

En 2012 la nube de Amazon era de 0,9 EXABYTES (900 PETABYTES), ahora será mucho más, pero es difícil encontrar datos. La nube de Amazon, al igual que la de Google, **intenta ser "verde" usando energías renovables**. Según informa Amazon en diciembre de 2019, producen 5.300.000 MWh de energía renovable, que corresponde a la mitad de su consumo. Con lo que en 2020, **su consumo** será como el de Google, unos **10.000.000 MWh**, no he encontrado una fuente concreta explicando su consumo real, cosa que sí hace Google. Si sólo hablamos de electricidad y como hicimos con google, y con el consumo medio de un hogar de tres personas en España es de 3.500 kWh anuales, **la electricidad que gasta** sólo **Amazon** sería **equivalente a** la de otros **2.857.142 hogares.** En España hay 18.535.900 hogares. La nube de Amazon, aunque no la conozcas y pienses que solo es una tienda de cosas online, **es la más grande para uso público**, es decir, que puedas tú como empresa, alquilar. **La de Google es sobre todo para uso propio.** Probablemente las aplicaciones de tu móvil, de mensajería, juegos, y "chorradas" varias estén alojadas en la nube de Amazon AWS. **Casi todas las empresas del mundo que se están pasando a la nube, lo están haciendo a ésta y a la de Microsoft.**

- Amazon Web Services. En Wikipedia.
- AWS y la sostenibilidad. AWS se compromete a dirigir el negocio de la manera más sostenible con el medio ambiente posible.
- Amazon Sustainability Question Bank.

La nube de Microsoft, Azure

En 2012 la nube de Microsoft, que incluye Hotmail, Bing y Azure "apenas" era de unos 0.3 Exabytes (300PB). **Ahora ha crecido, ya es la segunda nube más grande del mundo.** No he encontrado mucha información sobre el consumo o tamaño de la nube de Microsoft, aparte de propaganda y éxitos de ventas. **Podemos deci**r sin arriesgar mucho, **que el consumo** de esta nube **son otros 3 millones de hogares** españoles equivalentes.

- Microsoft Azure. En Wikipedia.

Las nubes de Estados Unidos

En 2013 el consumo de todas las nubes de Estados Unidos era de **91.000.000.000 kWh**. De 2019 no tengo datos, pero recordemos que por esa época, Google gastaba en todo el mundo 3.500.000.000 kWh. Con lo que, volviendo a la comparación con hogares españoles, la nube de EE.UU., que es la que ofrece muchos de los servicios que usamos en todo el mundo, **consumía en 2013 el equivalente a** la electricidad necesaria para **10.000.000 de hogares** españoles. **A día de hoy**, 7 años después, 2020, este consumo solo de la nube en Estados Unidos (donde está parte de Google, Facebook, empresas varias, el gobierno, etc.) **podría abastecer a los** 18.535.900 **hogares españoles y los de Portugal.** En 2020 **si sumamos las nubes de EE.UU., EUROPA, COREA DEL SUR, CHINA, JAPÓN, etc.**, estaríamos hablando de unas ingentes y muy locas cantidades de energía que **podrían dar energía eléctrica a casi toda Europa.** Esto no es un dato oficial, es simplemente ver el consumo de Estados Unidos, pensar que el europeo y asiático son parecidos, y más o menos te sale electricidad para toda Europa, solo con las nubes, sin contar la energía necesaria para fabricar todo internet y "**El coste civilizatorio**", término que he inventado **para calcular o tener en cuenta todas** las personas y empresas auxiliares, negocios, universidades **que permiten a una civilización fabricar nanotecnología.**

Ampliación de la eficiencia energética en la industria de los centros de datos: evaluación de los principales factores y barreras.[51] Pdf.

OTROS DATOS

En 2020, **el supercomputador español** Mare Nostrum 4 **tiene 14 Petabytes**, es decir 0,014 EXABYTES.

En 2016 el tráfico de internet era de 554 Exabytes al mes, muchísimo mayor que la producción anual de almacenamiento que en esos días era de 400 exabytes al año. Esto significa que **todos los días movemos más información de la que podemos almacenar.**

En 2020, conozco a **particulares que ya tienen entre 1 y 4 Petabytes**, 0,001 - 0,004 EXABYTES.

51 https://www.nrdc.org/sites/default/files/data-center-efficiency-assessment-IP.pdf

Por cortesía del Barcelona Supercomputing Center - www.bsc.es

BONUS - LOS ORÍGENES DEL ALMACENAJE DE INFORMACIÓN

NOTA: Esto lo escribí para versiones anteriores de este artículo y lo deseché. Como ya está hecho, lo dejo como un bonus final. Puede que sea inexacto o sin pulir.

Al principio de la era informática, literalmente había unos señores (y señoras, pues al principio de la computación, este era un trabajo muy femenino) que tenían unas libretas donde tenían apuntados los **códigos**, y **manualmente** iban **pulsando botones** que iban **introduciéndose en la unidad de procesamiento.** Después vinieron los **rollos de papel perforados**. Eran unos rollos a los que se hacían unas perforaciones o agujeros donde cada línea perpendicular de agujeros en el rollo equivalía a un comando, que antes era una secuencia de botones que se pulsaban y ahora se hacía automáticamente siguiendo la secuencia en el papel.

Imagen de Antonio jc vía Ecured.

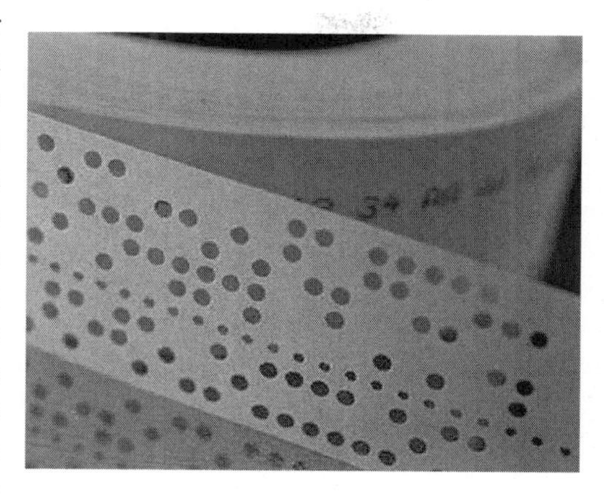

Esta tecnología, por cierto, no se inventó para los ordenadores, si no que **era la evolución de las cajas de música**, que a su vez evolucionaron en cajas de música programables con tiras de papel, que a su vez evolucionaron en complejos sistemas de instrumentos que se tocaban siguiendo las instrucciones en un disco de papel -como las pianolas-. Ver: Música Mecánica. Los inicios de la fonografía.

Rollo de papel perforado en pianola. Museo de Tecnología de Varsovia.

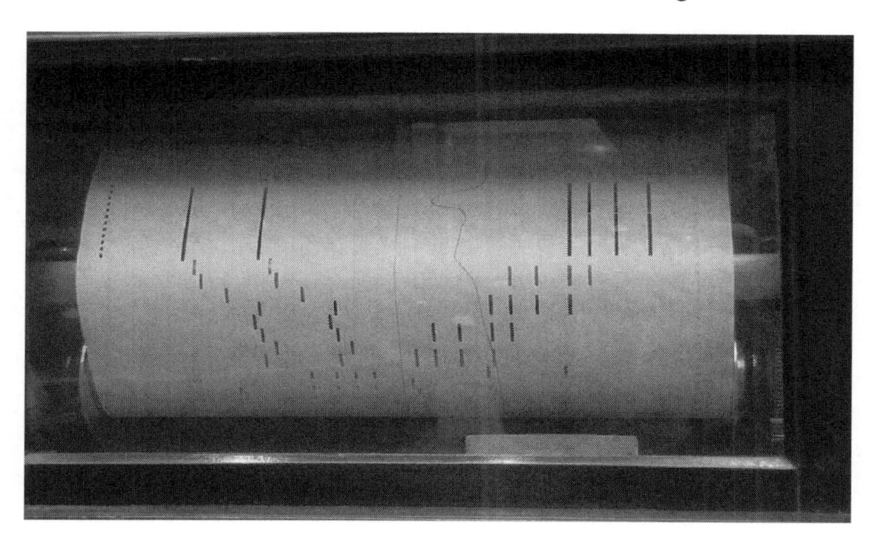

Imagen de Krzysztof S pl vía Wikimedia Commons.

Centro de Documentación Musical de Andalucía. Pero además, todo esto

también venía de otros sistemas, como los que se usaban en el **siglo XVII** en las complicadas máquinas tejedoras de la revolución industrial. Estos **telares que automatizaron la fabricación textil**, llegado el momento, también **quisieron automatizar los patrones de entremezclado de fibras y colores**. Y para ello inventaron máquinas que hacían funcionar al telar de manera distinta, **usando rollos de papel perforado** que activaban diferentes programas de funcionamiento en los telares. No obstante, yo personalmente considero que **el origen** de este tipo de almacenamiento **son las cajas de música**, que como mínimo datan **del siglo XVI**, al principio con cilindros metálicos que, después dieron paso a los rollos de papel y discos. En la historia de la informática oficial, suelen ser los telares los protagonistas del inicio del almacenamiento "digital". Y fijaros en lo que os digo, pienso que el origen de los discos de vinilo, que luego fueron los LaserDisc, que luego fueron discos compactos, luego DVD, Blu-ray... igual que los discos duros, que eran, al fin y al cabo, platos con superficie magnética... pues todo este universo de concepto de almacenaje de información surgió al simplificar los rollos de papel con datos para las cajas de música, cuando se empezaron a hacer unos discos de papel perforados o metálicos para sustituir a los rollos o convivir con ellos. Es interesante estudiar cómo **la tecnología de almacenamiento** de información estuvo **entre discos y cilindros** desde los egipcios hasta el siglo XXI, donde al final ganó el disco, espera, no, ganó el cilindro... el disco... el cilindro en forma de cintas, el disco... Bueno, realmente ganó la batería de semiconductores... bueno, no, sigue habiendo discos y cintas... en fin, **ahí sigue todo aún. Y el papel... que se resiste a desaparecer** como forma de almacenar datos y textos.

Caja de Música Polyphon de 156 púas, 78 notas dobles, con 20 discos. En YouTube.

En fin, del papel perforado, se pasó a la cinta magnética que se inventó en el siglo XIX, pero no fue hasta **mediados del XX** que su uso explotó **en televisión y en informática.** También por los **años 50 aparecieron los primeros discos duros**, o proto discos duros que almacenaban la información de forma magnética, de forma parecida a como se hacía en cinta, y bueno, todos los sistemas de almacenamiento fueron evolucionando, y compitiendo entre ellos. **En los 70 el papel dejó de usarse y el almacenamiento ya era en cinta magnética o en discos duros**, también en los 70 (finales de los 60) **apareció el LaserDisc**, los **CD-ROM**, las **cintas de audio de datos**, los **disquetes**, varias evoluciones de **discos Zip en los noventa**, los **DVD y CD regrabables**, etc.

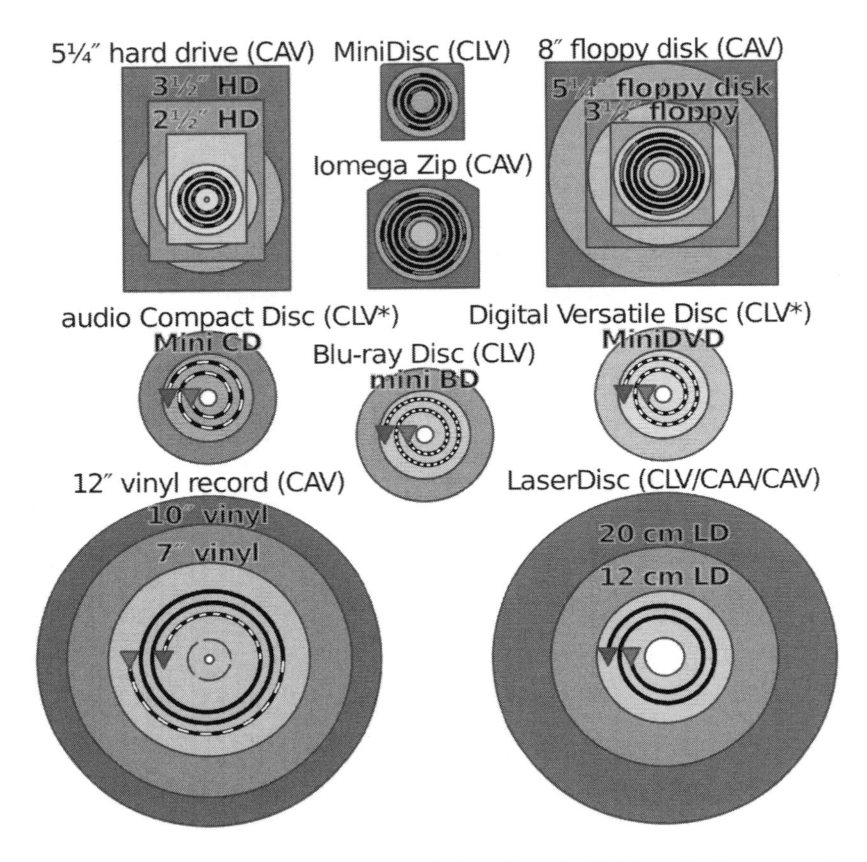

Tamaños y tipos de discos. Imagen de Cmglee vía Wikimedia Commons / CC BY-SA.

Fíjese el lector en que hay algo como que falta en toda superbreve historia del almacenamiento, ¿verdad? La RAM, ROM y USB, SSD... y no es casual, es que no hemos hablado de la otra parte de los componentes de un ordenador: la memoria interna. Llegado el momento, los ordenadores empezaron a tener una memoria más rápida y programable que un cartón perforado, esa memoria que estaba entre el almacenamiento y lo que es la unidad de procesamiento del ordenador. Era donde las cosas se almacenaban de forma temporal mientras se hacían los cálculos y antes de dar los resultados. Hoy en día, a eso se le llama RAM, y memoria caché de procesador incluso los registros de la CPU.

Se podría haber usando solo este tipo de memoria si hubieran sido infinitamente ricos en energía y recursos, pero ni las grandes potencias de esa época se podían permitir equipos tan sofisticados y grandes que, además, estuviesen siempre encendidos. Había que usar lo mínimo esas memorias y volcar el resto en medios más lentos y compactos, como el papel, para lo que no fuera estrictamente necesario. Y de hecho, así fue desde entonces hasta ahora, siempre ha habido memorias más caras y rápidas y energéticamente costosas, pues muchas veces necesitan estar encendidas para no perder los datos en los ordenadores; y también más baratas y lentas. Las primeras eran usadas para el trabajo instantáneo, por ejemplo todos recordaremos la memoria de los primeros Amstrad y Spectrum de 32 kB 64 kB 128 kB, las memorias RAM de los PCs más modernos de 640 kB, 1 MB, 4 MB 8 MB 16 MB... 1 GB, 4 GB y por ahora, en los años 20 del siglo XXI, lo habitual es entre 16 y 128 GB de memoria ultra rápida RAM. Y el resto, en discos duros, cintas magnéticas y la última evolución, los SSD -que serían el papel perforado de la época-. No siempre la memoria "rápida" de un ordenador fue dependiente de tener el ordenador encendido, pero casi, pues esta rapidez siempre ha ido MUY MUY LIGADA al consumo de ingentes cantidades de energía. Velocidad y almacenamiento de datos, siempre han ido muy muy estrechamente ligados al consumo energético hasta bien llegado el siglo XXI. Qué cosas ¿verdad? VELOCIDAD Y ENERGÍA LIGADOS... como en la vida real de los humanos y la naturaleza. Es importante recordar su evolución para entender el presente. Pues bien, al principio de estas memorias se usaban relés y memorias de línea de retardo que después nos llevaron a los tubos de vacío y a las memorias ferromagnéticas, predecesoras por cierto, de los discos duros.

¡Computadora japonesa FACOM 128B de 1958, sigue funcionando! Vídeo de CuriousMarc vía Youtube.

Aquí podéis ver un ordenador japonés que a mi me fascina, en pleno funcionamiento con su memoria interna hecha de relés. Un ordenador que, aunque no lo parezca, es de lo más avanzado que ha hecho el ser humano siendo low tech, sin tubos de vacío o semiconductores. El caso es que en la historia de la informática, al final los tipos de memoria y su evolución se van entrecruzando: la cinta pasó al principio a ser memoria RAM para luego ser almacenamiento, y a los discos duros les pasó lo mismo, que empezaron siendo RAM y luego almacenamiento. El papel... siempre fue papel. Todo este pedazo de introducción a los sistemas de almacenamiento era importante para poder entender ciertas cosas. Por ejemplo, este baile de San Vito de tecnologías entre memoria RAM y discos duros, era siempre debido a los costes tecnológicos y energéticos de cada una de estas formas de almacenar información. El papel siempre gana las batallas en lo que a sencillez se refiere, fabricar papel era una tecnología ya muy controlada a finales del siglo XIX, cuando se empezó a usar celulosa en vez de trapos, y materia orgánica vegetal en general... por cierto, la historia del papel también es muy interesante, tal vez en otro texto (ya he escrito en algún medio escrito sobre esto y los molinos de papel). Resumiendo un poco, se puede decir que el papel para almacenar información fue el sucesor de la arcilla y el papiro, que es una hoja de una planta del Nilo que llevó luego al uso del papel en China y el mundo árabe, llegando a Europa por España. Era una pasta de fibras vegetales y ropa vieja (que etimológicamente viene de Papyrus, papiro). El problema es que la velocidad de lectura del papel era muy lenta, y eso que se hicieron sistemas muy muy avanzados de lectura de tarjetas perforadas, pero al final es materia moviéndose, y eso tiene unos costes energéticos, además de su densidad y capacidad de almacenamiento limitada. Las memorias con relés y los tubos de vació eran muy costosas de fabricar, y ocupaban muchísimo espacio. En el anterior vídeo del ordenador japonés, se puede ver un armario de relés de 30.000 bit o 30 Kbits que ocupan 20 metros cuadrados. El tamaño de las memorias rápidas, se fue reduciendo, pero a su vez, el coste de fabricar memorias más pequeñas y rápidas incrementaba el coste tecnológico, energético y económico. Por eso se seguía usando el papel para almacenar las cosas que no se tenían que usar inmediatamente, pues el coste de tener todos los programas cargados en la memoria rápida sería inmenso por lo complicado y caro de su fabricación. Y así, esta memoria rápida pasó de papel a relés, tubos de vacío, memorias de retardo, a cinta, y de cinta a discos duros, para quedar todos obsoletos con la llegada de los semiconductores de silicio en los años 60. Ese fue el gran salto en la historia de la informática (ver Memoria en Wikipedia): unas piezas cuya unidad mínima era el transistor, que venía a ser una pequeña pieza de varios metales que podía retener una carga eléctrica y permitía almacenar datos en muchísimo menos espacio. De hecho, a día de hoy, se siguen usando tanto para procesadores como para almacenamiento y se sigue reduciendo su tamaño año a año a niveles atómicos.

Transistor usado en el IBM 1401. Imagen de Marcin Wichary vía Wikimedia Commons.

8. EL FIN DE LA MEMORIA 4 EL FUTURO V 1.2

Después de leer mis ensayos PEAK MEMORY - PEAK COMPUTING sobre el fin de la memoria e internet, puedes pensar que el presente no es así, y puedes buscar otras fuentes para contrastar lo que digo, ver si en efecto cada año se fabrican menos discos duros, o si cada vez hay menos fabricantes de tecnología, o si sólo se fabrica en 5-6 países de todo el mundo. Lo importante una vez hechas tus comprobaciones, es saber qué pasará, cuál será el futuro. Desde mi punto de vista, viviremos una evolución a la inversa de lo que fue la informática, es decir, empezó siendo usada por gobiernos para la guerra, después por universidades, gobierno civil, después llegó a las grandes empresas, y después ya llegó a los consumidores. Lo que creo que pasará es que esta concentración en la fabricación de tecnología, y teniendo en cuenta que podemos vivir o estamos ya viviendo un decrecimiento tecnológico después de haber llegado a los PEAKS de fabricación y miniaturización, hará que poco a poco y al revés, vayamos perdiendo el acceso a la tecnología. Primero los particulares, empezaremos a ir perdiendo tecnología, cosas con chips, primero discos duros, luego torres con monitor, después dejaremos de tener portátiles, otros aparatos que antes tenían muchos chips los irán perdiendo, como lavadoras, frigoríficos, coches, patinetes. las videoconsolas acabarán siendo una mezcla de tv y móvil. Sólo tendremos móviles y televisiones con servicios en la nube. Llegado el momento también perderemos ambos junto con las nubes, pero eso será lo último y cuando eso pase será porque se habrá acabado la sociedad de la información y la energía empezará a escasear.

¿Por qué pararemos de tener cosas temporalmente en móviles y televisiones?

Muy sencillo, ambos dispositivos serán usados por gobiernos y mega empresas para darnos todos su servicios, burocracia, banca, acceso a información, videojuegos, libros, películas, comercio, etc. Todo estará en la nube, y será controlado por unas pocas empresas. Estas grandes empresas, como Google, Facebook, Amazon, Microsoft, Huawei o Alibaba, llegado el momento, serán las dueñas de las pocas fábricas de procesadores y discos duros del mundo. Esto será así porque poco a poco, estas empresas serán, junto con los gobiernos, los únicos clientes de los fabricantes de hardware, pues la gente sólo tendrá en casa, como digo, móviles o televisores (y un teclado, ratón y joystick), todo el proceso y almacenamiento, entretenimiento, teletrabajo, etc., lo tendrán estas pocas empresas, que serán los únicos clientes de los fabricantes y que llegado el momento, acabarán siendo absorbidas por el único mercado mundial: LA NUBE. Todo esto será durante la próxima década, mientras el mundo va colapsando, y durará unos 20-30 años hasta que el primer mundo colapse también por la falta de energía que durante los próximos 30 años obtendrá esquilmando al tercer y segundo mundo: África, Sudamérica, Sur de Europa, países asiáticos y Oceanía. Básicamente China, Rusia, Norte de Europa y Estados Unidos mantendrán su forma de vida tecnológica y energética, mientras el resto va apagándose. Esto creará los próximos 30-40 años una civilización occidental primermundista reducida y profundamente controlada por estos reductos tecnológicos, mediante el control de la información emitida por televisión y el móvil, ambos terminales de la nube, vigilando lo que hacen ven, leen y comen sus ciudadanos, impidiendo la libre circulación por el planeta, con estrictas medidas de seguridad y pérdida de privacidad. Todas las conversaciones en casa serán grabadas y convertidas a texto para su proceso en la nube, todas las llamadas, posición de GPS, de antenas, salud, permisos de circulación, conversaciones en redes sociales, todo absolutamente todo, controlado a través de la televisión y el móvil. Los libros que lees, las películas, todo estará seleccionado y a tu disposición en el primer mundo sin posibilidad de acceder a otros contenidos que no sean los oficiales y de empresas amigas, pero será sutil y no te darás cuenta. Las personas aceptarán esta situación porque el resto del mundo estará desmoronándose, aceptarán cualquier cosa para seguir viviendo más o menos como antes, pero sin libertad ninguna. Sólo el derecho y la obligación de trabajar. Y poco a poco, también estos países se irán quedando sin energía y sin capacidad de seguir fabricando: primero las empresas, luego las administraciones, grandes bancos, universidades, y por último, gobiernos e industria armamentística. Esto hará que toda la información producida en el siglo XXI desaparezca para siempre de la historia de la humanidad, llegando al fin, el fin de la memoria.

9. EL FIN DE LA MEMORIA 5 PEAK DE LAS MÁQUINAS QUE HACEN MÁQUINAS

Pues aún quedaban algunos eslabones más que tocar en la saga de El fin de la memoria, hasta ahora habíamos tocado de refilón un poco el tema, pero realmente nos habíamos quedado en las empresas que fabrican el producto final, nos falta tocar lo que hay antes de la fabrica de chips, es decir, las refinerías, las minas, las fundiciones y las máquinas que hacen los chips. En este artículo vamos a hablar de las máquinas, concretamente de Europa y concretamente de Holanda y la empresa ASML.

Para fabricar un semiconductor, ya sea memorias ssd, o

microprocesadores, u otros tipos de piezas hacen falta tecnologías capaces de “dibujar” los circuitos a niveles atómicos en placas de silicio, luego como en cada oblea de silicio hay varias copias, se cortan como si fuesen trozos de pastel y se meten en “cajas” o encapsulados, que son los chips que conocemos de las fotos negros con patas.

A la izquierda oblea con varias copias del chip, y a la derecha el chip ya cortado y enfundado o encapsulado en su funda de plástico y sus patitas.

Cualquiera que haya estudiado alguna carrera relacionada con la electrónica, como yo cuando estudié Ingeniería de Telecomunicaciones, teníamos unas prácticas donde hacíamos circuitos. Recuerdo cuando hicimos para aprobar una asignatura un amplificador de sonido. Este sistema requería de 3-4 placas de circuitería y en una de las asignaturas de la carrera nos enseñaban a hacerlo. El proceso era relativamente sencillo, primero teníamos que diseñar el circuito en el ordenador, era como dibujar, dibujas las pistas por donde iba a ir la electricidad, por donde se encontraban con los diferentes elementos electrónicos estas pistas con resistencias, condensadores, diodos etc… como el que dibuja un laberinto para la sección de pasatiempos de un diario.

FOTOLITO

Una vez que tenía el dibujo hecho, se imprimía en papel transparente (invertido los colores), quedando el dibujo impreso y dejando pasar la luz por donde no había tinta.

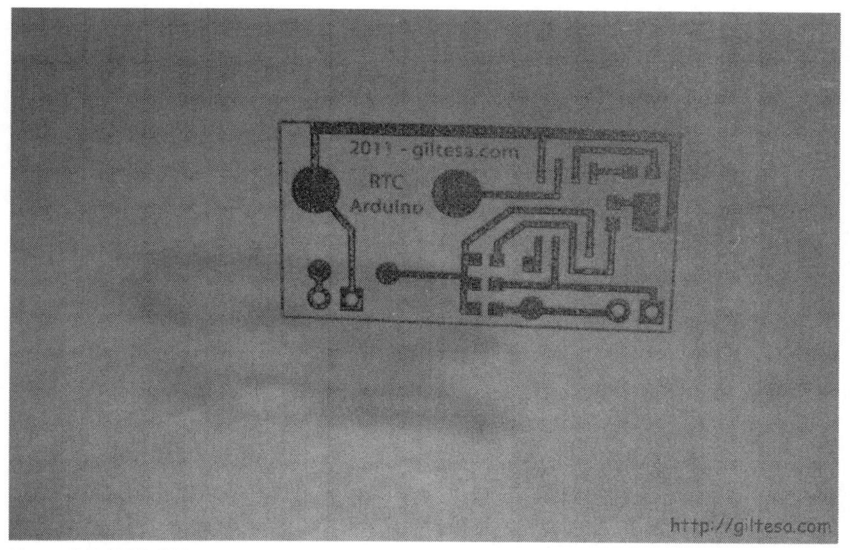

Foto CC-BY Giltesa.

Luego tenemos una plancha de circuito donde hay una fina capa de cobre, se le pone una pegatina fotosensible encima, y encima de esa pegatina fotosensible el negativo que hemos impreso con la impresora.

http://giltesa.com

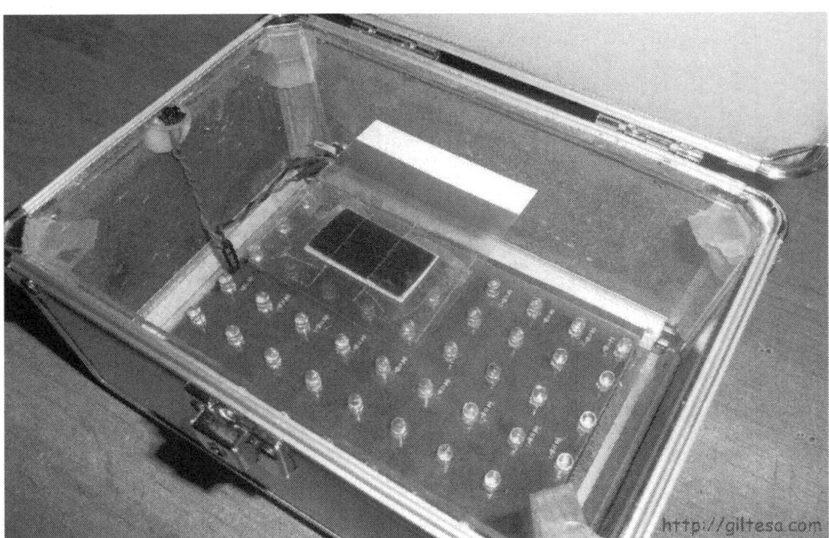
http://giltesa.com

INSOLACIÓN

Luego mediante luz ultravioleta se irradia esa placa de cobre con papel fotosensible y el dibujo en papel transparente y al cabo de un rato este papel fotosensible se ha oscurecido donde le daba la luz.

Foto CC-BY Giltesa.

Lo que ha pasado es que la luz ha cambiado las propiedades del papel y donde le dio la luz se degradó y donde no sigue intacto.

Foto CC-BY Giltesa.

ATACADO

Para acabar, metes la placa de cobre en ácido, y el papel se deshará donde le dió la luz, y al deshacerse tmb accede el ácido al cobre deshaciéndose también, sin embargo donde la pegatina no se degradó el ácido no toca el cobre y se queda, total que al final una vez lo sacas del ácido te a quedado el dibujo que se copió del papel transparente al papel fotosensible y de ahí dibuja al no permitir que el acido toque algunas partes en un dibujo de un circuito.

Foto CC-BY Giltesa.

Al final te queda así:

Foto CC-BY Giltesa.

Esta historia te la cuento porque si has entendido más o menos como se hace un circuito casero te puedo explicar muy por encima como se hace un microprocesador.

Un procesador es un poco más complicado que hacer un circuito, pero la idea es parecida, para hacer procesadores se usa una plancha de silicio sobre la que se dan varias capas de diferentes materiales, luego de forma parecida a como hemos hecho el circuito casero, se usa materiales fotosensibles para dibujar en esta plancha de silicio con diferentes capas.

Un transistor como digo no es tan sencillo que una sola capa de cobre por donde va la electricidad, si no que hay varias capas que se entrecruzan y que cada elemento a veces deja pasar la electricidad otras no a la capa de abajo etc, en fin un poco más complicado pero que si te quedas con la idea de dibujar con luz en material fotosensible puedes llegar a imaginar cómo funciona una impresora de luz para semiconductores.

El sistema funciona como una especie de proyector que dibuja el circuito en la placa a la que luego se le aplican procesos químicos para ir quitando lo que sobra de cada capa y que al final te quede una oblea de silicio con el circuito impreso. Por esto, porque es como proyectar cine, las empresas más famosas de lentes y de proyectores están metidas en los procesos de fabricación de estas máquinas, como Carl-Zeiss de Alemania, o NIkon y Canon de Japón.

Al final una oblea de silicio ya impresa con el “chip”, cada cuadradito es un chip, y como ves todo lo del borde se tira y queda tal que así:

Por cierto, las que salen con fallos las venden en ebay y en aliexpress para los fans. Según el sistema de fabricación la tasa de obleas que salen defectuosas puede ser baja o alta, cuanto más pequeños haces los circuitos más probable que te salgan defectuosas (al menos mientras madura la tecnología) y haya que tirarlas, algo muy habitual cuando nos acercamos a procesadores de 10 7 o 5 nm, como digo hay todo un mercado que vende estas obleas defectuosas para adornar tu habitación.

La forma circular es porque para fabricar el silicio ultrapuro te salen como unos kebabs de silicio al que luego lo vas cortando haciendo como discos o obleas, como el que corta una barra de pan. Se hacen circulares por cosas de cómo se obtiene el silicio tan puro de la fundición en hornos que están girando el material todo el rato. En este vídeo de Intel te explican muy bien en 3d como se hace el "churro" de silicio y como luego se corta en rodajas.

https://www.youtube.com/watch?
time_continue=35&v=tcQ0R24UbL0&feature=emb_logo

Pues bien, una vez que tenemos un poco más claro cómo se hace un circuito integrado nos ponemos a hablar de lo que hay actualmente 2020 en el mercado. Como ya conté en El fin de la memoria 1, Procesadores el mundo de los procesadores se está quedando en muy poquitas empresas que fabrican procesadores de menos de 10 nm, actualmente sólo TSMC en Taiwán y Samsung en Corea del Sur, por ahora ni China, ni Europa, ni Japón ni Estados Unidos pueden hacerlo. Para hacerlo hacen falta unas instalaciones muy muy complejas, libres de cualquier tipo de contaminación, con unas medidas muy concretas y unas máquinas muy muy caras.

La máquina más importante de este proceso de hacer procesadores es la máquina de litografía, es decir la que como si de un proyector se tratase proyecta el diseño del circuito en la oblea de silicio para que mediante procesos químico-ópticos se quede dibujado el procesador en el disco de silicio. Cuanto más pequeño sea el dibujo, más pequeño será el procesador. Pero claro todo tiene un límite, hace años, hasta una bombilla podría servir para que la luz dibujara el circuito como explicaba al principio del artículo, pero ahora, teniendo en cuenta que estamos dibujando con luz objetos del tamaño de átomos, ya no es tarea fácil el tipo de luz, su frecuencia, la lente que dispara los fotones etc tienen que funcionar a niveles atómicos. Hasta tal punto es complicado, que como pasaba con el número de fábricas que hacían procesadores el número de fábricas que pueden hacer máquinas capaces de proyectar este tipo de circuitos es básicamente una o dos en todo el mundo.

Hasta la actual generación de procesadores, en Japón empresas como NIkon o Canon podían competir para imprimir circuitos de hasta 10-50nm. Pero en los últimos años, una empresa llamada ASML, y cuya sede está en Holanda, se está haciendo con la práctica totalidad del mercado (80% por ahora), pues son los únicos que pueden fabricar la óptica y maquinaria necesaria llamada EUV litography, o litografía ultravioleta extrema de última generación.[52]

Hasta 1989, eran las empresas japonesas las que controlaban el "state of art" de la fabricación de máquinas de litografía, y desde 1989 era la empresa americana Applied Materials con sede en California. Pero llegaron las siguientes generaciones y sobre todo la última generación de procesadores de 7 y 5 nm y EEUU se ha quedado totalmente fuera de juego perdiendo casi todo el mercado que cosas de la vida ha sido esta empresa europea la que ha cogido el relevo llevando a europa de nuevo a la partida. Para hacerse una idea, al año se vendían en 2017 unas 300 máquinas de este tipo, de las que ya 197 eran de ASML, pero es que a día de hoy el 100% de las de última generación EUV son de ASML y el 80% de la generación anterior.[53] Por cierto podría ser que la política de EEUU de hacer boicot comercial y tecnológico a China haya impulsado a otros países o vender a China, pues es China quien está comprando más máquinas de litografía, no necesariamente de última generación y estas ventas no se están llevando a cabo por parte de empresas americanas. Y es que este tipo de boicots que está llevando EEUU con la clara intención de frenar a China podrían estar frenando realmente a EEUU y potenciando a otras empresas que nunca habrían entrado a vender productos a China al ser de menor calidad que los de EEUU, cosas de la vida. Esta máquina cuyo precio puede perfectamente ser de entre 100 y 200 millones de euros por unidad permite hacer los diseños de chips de 5 y 7 nm que en 2020 son lo máximo tecnológicamente. En su página web explican como se llaman estas máquinas.[54] La TWINSCAN NXE:3400B y es algo así.

---

52 https://es.wikipedia.org/wiki/Litograf%C3%ADa_ultravioleta_extrema
53 https://www.marketwatch.com/press-release/lithography-equipment-market-share-detailed-analysis-of-current-industry-figures-with-forecasts-growth-by-2026-2020-08-03
54 https://www.asml.com/en/products/euv-lithography-systems/twinscan-nxe3400b

Es curioso que en Europa que hace décadas que perdimos la carrera tecnológica de fabricaciño de chips pequeños, tengamos sin embargo la única industria del mundo capaz de fabricar las máquinas que hacen que en Taiwan, EEUU o Corea del Sur puedan hacer los codiciados procesadores.

Y volviendo a la fragilidad de todo fijaros , sólo una empresa del mundo, solo una puede hacer estas máquinas. Esto provoca que cualquier venta de esta empresa a cualquier país se convierta en una cuestión de estado. En 2018, Estados Unidos inició una campaña diplomatica para impedir que esta empresa europea vendiese sus máquinas a China, concretamente a SMIC, y aunque no tienen jurisdicción en Europa, algo que les tiene que dar mucha mucha grima a los americanos, pero sí tienen cierto control diplomático y por ahora consiguieron bloquear estas ventas a China por motivos de seguridad mundial para impedir según EEUU que China pueda fabricar procesadores que ponga en peligro la paz mundial. Y así de sencillo es, cuando una sola empresa tiene el monopolio, un gobierno dice a este no, a este si, y el mundo digital completamente controlado.

Por otro lado el I+D es tan caro, y llegar a crear tal bicho es tan difícil y caro, que las propias empresas que fabrican los chips como TSMC, SAMSUNG e INTEL, tienen que invertir dinero en esta empresa para que pueda hacer las máquinas para luego poder comprarla. Nadie más, ni Estados Unidos ni China han podido crear esta máquina, por eso esta empresa holandesa vale más en bolsa que IBM y casi tiene el mismo precio que

Tesla. Básicamente si esta empresa no hubiera podido sacar la nueva generación de máquinas, toda la industria mundial de microchips se hubiera quedado al fin atascada y habría llegado a lo que ya llamé en mis artículos el PEAK PROCESSING. De hecho en lo que a movimiento de dinero se refiere, se podría afirmar que en 2018 el negocio de las máquinas que hacen integrados llegó a su PEAK. Otro PEAK del que nadie habla como cuando hablé del Peak Memory[55] y como fue ya en 2008 en lo que a unidades vendidas el pico y en lo que a almacenamiento total llegando ya. De hecho ASML llegó a su pico de ingresos en 2009, y desde 2014 bajan poco a poco aunque sean líderes. Parece que 2008-2009 fue el pico de casi todo[56].

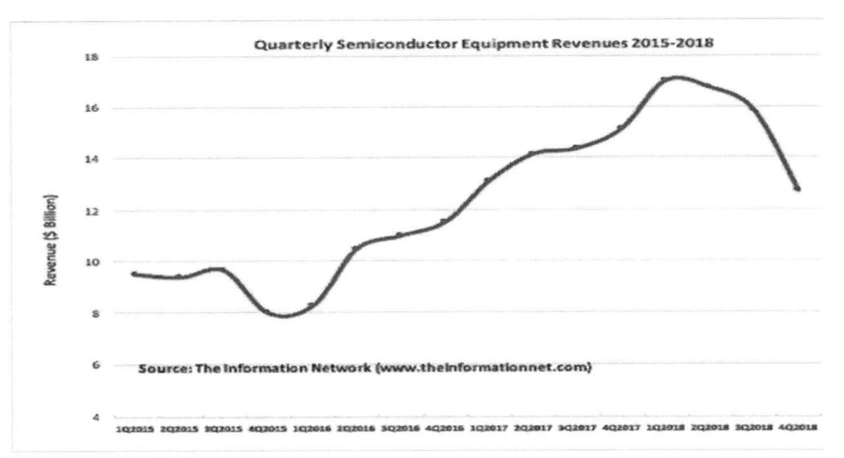

semiwiki.com.[57]

Y en este extraño momento estamos, donde sólo una empresa del mundo, en la que confían las pocas empresas que pueden usarlas para hacer los chips más pequeños de la nueva generación de chips. Si fuese optimista diría que no pasa nada, que seguro que en los próximos años alguien mejora más el proceso, y aún nos quedan muchas generaciones de procesadores cada vez más pequeños y cada vez más potentes…

Pero como no lo soy, pienso que nada dura para siempre, y teniendo en cuenta que la energía se empieza a acabar y además estamos llegando a

55 https://www.felixmoreno.com/es/PEAK_MEMORY_2.html
56 https://www.marketwatch.com/press-release/lithography-equipment-market-share-detailed-analysis-of-current-industry-figures-with-forecasts-growth-by-2026-2020-08-03
57 https://semiwiki.com/semiconductor-services/7893-changes-coming-at-the-top-in-semiconductor-equipment-ranking/

los límites de miniaturización que ya chocan con el tamaño de los átomos, probablemente estemos ante el final de la ley de moore, y de los procesadores cada vez más pequeños y rápidos.

Además la caída de la demanda presente y futura que lleva desde 2008 lastrando el mundo tecnológico hace que las inversiones billonarias se midan con cuentagotas con lo que no hay suficiente negocio para el I+D necesario.

¿que podría haber después?

Pues el tema es que si realmente hemos llegado al peak del petróleo y por tanto al fin de tener más energía cada año de las sociedades mundiales, poco… pero mientras… pues tal vez procesadores pensados para una única tarea, o meter muchos procesadores para unicas tareas en un mismo pc, como se hace ahora para las tarjetas gráficas, pero tal vez procesadores para inteligencia artificial, junto con procesadores normales, junto con procesadores para otros cálculos todo con un tamaño de transistor ya estancado…. pero bueno el tiempo dirá… por ahora en 2020 es lo que hay… y así te lo he contado.

10. EL FIN DE LA MEMORIA 6 PEAK PHONES V 1.1

Continuando con la hornada de artículos de El fin de la memoria, vamos a analizar el mercado de los teléfonos móviles. ¿habremos llegado a su peak? La verdad es que es una información fácil de encontrar y este artículo , enseguida descubrimos que el pico de los teléfonos móviles a nivel mundial fue en 2016-2017, y desde entonces hemos empezado un lento por ahora decrecer en unidades fabricadas.

Parece ser que al menos por ahora, la gente está empezando a alargar la vida de sus móviles y no está reponiéndolos al mismo ritmo sino que cada vez los reponen más lentamente con lo que el mercado ha de fabricar menos móviles, de hecho estas son cifras de mòviles fabricados, no vendidos, llegará el momento en que hayan stocks de sobra y quién sabe, tal vez toque destruir móviles nuevos para animar a los compradores a comprar productos nuevos y que no bajen los precios, por ejemplo porque no tienen

5G y ahora se lleva el 5G, que pienso es una excusa para salvar el sector.

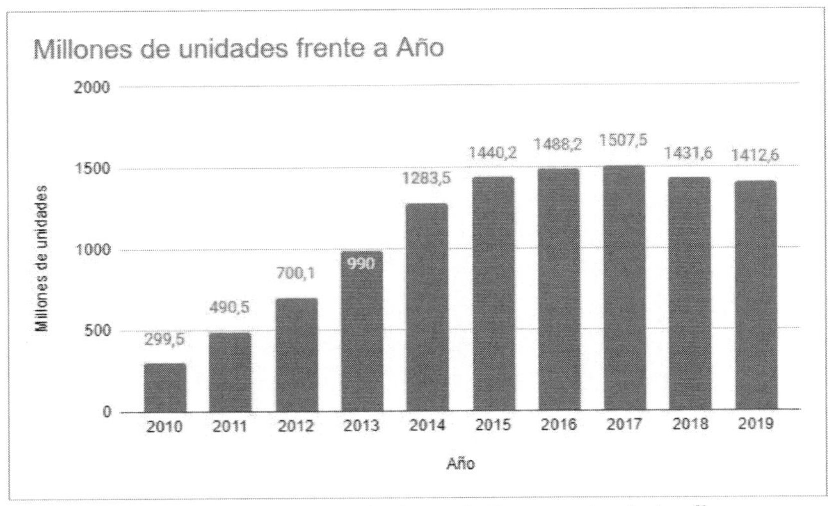

Fuente esta hoja de cálculo, usando datos de Strategy Analytics.[58]

Por otro lado es probable que también pase lo contrario, que suba el precio de los mismos pues al haber menos demanda los márgenes se reduzcan y toque subir precios para recuperar gastos. Ya en 2021, ha subido el precio medio de los móviles un 15%, hablan de mucha demanda después de la crisis del coronavirus, pero lo cierto es que las ventas son menores que en 2019. Además ya estamos dispuestos a pagar más de 1000 dólares por un móvil tope de gama. También pienso que las Chip Wars[59] entre EEUU y China van a reducir la oferta, y subir los costes al dejar las ventas de fabricantes chinos fuera de China muy tocadas con la guerra al fabricante de móviles Huawei y estar intentando bloquear al fabricante de chips SMIC. De todo esto hablo en mi saga de artículos de la CHIP WARS.

En 2019 antes de llevar la guerra de EEUU a CHINA y Huawei

58
https://docs.google.com/spreadsheets/d/1A8NviT08gkHhhQCeKMu1P5xjXG5C8xc4AuCuAg-TWYQ/
59
https://www.felixmoreno.com/es/index/120_0_chip_wars_2arm_procesadores_y_propiedad_intelectual.html

hasta donde está hoy esta eran las cifras de cada fabricante.

1. Samsung: 295,1 millones (20,9 %). COREA DEL SUR
2. Huawei: 240,5 millones (17 %). CHINA
3. Apple: 197,4 millones (14 %). EEUU
4. Xiaomi: 124, 8 millones (8,8 %). CHINA
5. Oppo: 115,1 millones (8,1 %). CHINA

En el TOP 5 3 empresas chinas en 2019, y Huawei de camino a convertirse en el mayor fabricante de móviles del mundo. Obviamente todo esto no podía pasar, y EEUU ha hecho lo imposible para proteger a Apple, y al país amigo Corea del Sur para que China no siga creciendo. De todo esto hablo en Chip Wars 3 - China , SMIC y Huawei. De hecho otra posible lista para lo que está por venir en 2020-22 sería algo tal que:

1. Samsung: COREA DEL SUR
2. Huawei. CHINA
3. Oppo: . CHINA
4. Apple: . EEUU
5. Xiaomi:. CHINA

Esta lista de elaboración propia me baso en que Oppo son varias marcas (OPPO, Vivo, OnePlus, IMOO y Vsun) que juntas ya superan a Apple, con lo que Apple pasaría a 4 lugar y pisándole los talones Xiaomi que todavía no está sufriendo las consecuencias de la CHIP WARS, pero que con el movimiento de ARM y su IP para EEUU, junto con los posibles vetos a SMIC que fabrica parte de sus procesadores podría frenar también su crecimiento. Otra cosa curiosa es que de los 1400 millones de móviles que se fabrican al año ya son sólo 5 compañías las que se llevan 1000 millones dejando los otros 400 para el resto. Sobre esto es obvio pronosticar que pronto sólo quedarán estas 4-5 empresas y que el resto irán cayendo en el olvido digital. Daría para otro artículo seguir la evolución y ventas de las distintas compañías desde los años 90, pero si que puedo afirmar que hemos pasado de un mercado lleno de posibilidades, marcas y modelos a una concentración sería que aún no es comparable a la de microprocesadores o sistemas de almacenamiento pero que va de camino. Y es que para acabar recordar que si hemos llegado al pico del petróleo, todo lo que se fabrique con petróleo y que ya tenga un mercado maduro donde un crecimiento abultado no es posible sufrirá un irremediable descenso de producción según se vaya agotando como digo la energía disponible. Empezará en casa de los consumidores que se irán quitando poco a poco lujos según sus ingresos merman, y de la misma forma las fábricas irán reduciendo su producción, cerrando las más pequeñas, creando monopolios, o duopolios tarde o temprano como está pasando ya con los discos duros, microprocesadores etc que he ido comentando en mis otros artículos de el fin de la memoria. Os dejo con dos gráficas actualizadas a 2021 de la evolución de las ventas durante la pandemia del coronavirus. Fuente consultora Canalys.

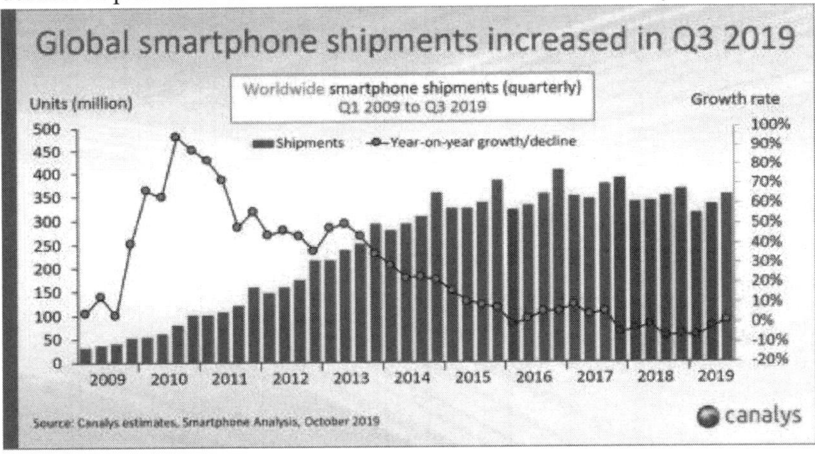

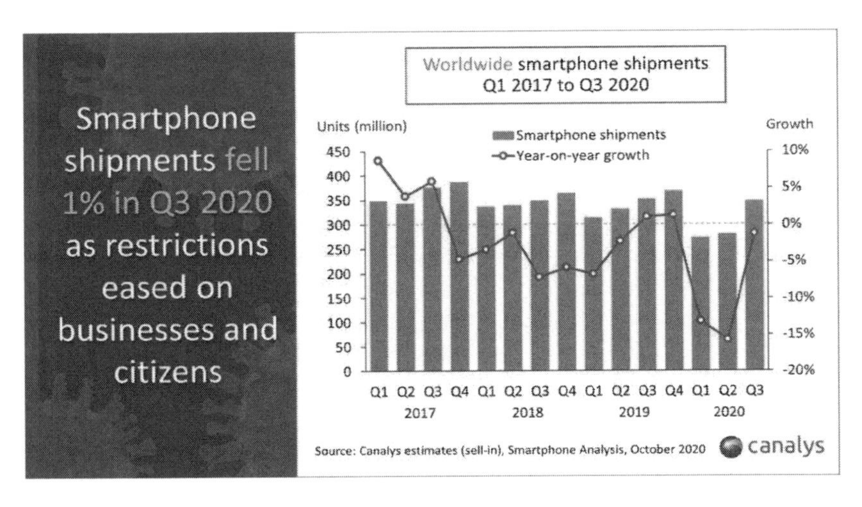

11. EL FIN DE LA MEMORIA 7 PEAK CLOUD

A lo largo de mis artículos y libros sobre El fin de la memoria[60] he ido desgranando la realidad sobre la manufactura de los componentes que componen la sociedad de la información. El término PEAK o pico de producción se refiere al momento en el que se produce algo en menor cantidad que el momento anterior, cuando hemos llegado al máximo de producción. En nuestra sociedad el PEAK de casi todo irá o ya va ligado al PEAK del petróleo, carbón y gas natural, pues es lo que usamos para fabricar cosas. Una cosa que parece que no acaba de calar en la sociedad es que en el mundo de la tecnología hay ya pocas cosas que sigan creciendo, algo

60https://www.felixmoreno.com/el-fin-de-la-memoria-1-el-futuro-de-la-informatica-PEAK-COMPUTING/

inevitable obviamente en un entorno donde la energía cada vez será más escasa. Parece que todo es infinito y no para de crecer y que cada vez vivimos en un mundo más tecnológico y sin embargo las cifras dicen otras cosas. Por cierto en todos estos estudios se omite el coste de fabricación, instalación y renovación de equipos que pasa cada 5 años y de El coste civilizatorio[61] del que ya he escrito algunos artículos.

Predije que en un futuro habrá un Peak Memory[62], o máximo de capacidad de almacenar datos, un Peak Computing[63] o máxima capacidad computacional de la humanidad, que todavía no ha llegado (o no tengo datos suficientes aún tal vez sí) pero la tendencia es más que clara, y además con este 2020 de epidemia y de Peak Oil[64] probablemente esté ya casi ahí. Es inevitable, no se puede desligar la energía disponible de la manufactura de cosas. También he hablado en otros artículos sobre los ya conocidos y demostrables PEAK PHONE, PEAK MÁQUINAS QUE HACEN PROCESADORES Y MEMORIAS, PEAK ORDENADORES, PEAK MEDIOS DE ALMACENAMIENTO etc, todos estos son pruebas irrefutables en los reportes de resultados anuales de los fabricantes de estos dispositivos.

Hoy quiero añadir otro PEAK más que sería el PEAK CLOUD, es decir el momento en que la nube deje de crecer. Ya he tocado un poco este tema pero sin localizar el PEAK, porque en el fondo también tiene relación con el PEAK MEMORY, PEAK COMPUTING y PEAK NET. El tema es que no hace falta hacer un estudio científico para saber que todo tiene un pico, que tarde o temprano la nube dejará de crecer, al igual que dejó de crecer casi todo lo relacionado con la informática la década de 2010 a 2020. Cuando será pues no lo se seguro, pero teniendo en cuenta que el PEAK DEL PETRÓLEO ya es oficial, es una cuenta atrás y además seguirá desde mi punto de vista un decrecimiento exponencial inverso más rápido que el del petróleo, pero esto son solo conjeturas mías al entender que la complejidad respecto a fabricar algo sencillo aumenta órdenes de magnitud su consumo para fabricar y por lo tanto a menos energía lo mismo pero inverso.

61https://www.felixmoreno.com/es/index/131_0_el_coste_civilizatorio.html
62Peak Memory 2 Chip Wars, la guerra fría tecnológica entre EEUU y China ISBN: 979-8567242865
63https://www.felixmoreno.com/el-fin-de-la-memoria-1-el-futuro-de-la-informatica-PEAK-COMPUTING/
64https://crashoil.blogspot.com/2019/11/explicando-el-peak-oil-de-manera.html

De hecho este 2020 me ha llegado un estudio donde se habla de eficiencia de los data centers, y como la eficiencia está haciendo que la nube no consuma tanto, algo que se está usando como patada frontal voladora para los agoreros del colapso y de que internet no para de consumir recursos. Cuando me puse a indagar sobre este paper científico, me puse a revisar los datos que ya tenía cuando hablé del Peak Net[65] y el consumo energético de los datacenters.

¿Y sabéis que? Algo había cambiado. La misma web de Google que usé para informarme de datos concretos de consumo, ahora daba datos de tachán tachán, eficiencia energética. El año pasado que iban más del rollo de que la energía consumida fuese de fuentes renovables. El dogma ya no es sustituir fósiles por renovables, sino eficiencia y claro todo me hizo preguntarme ¿por qué?. El estudio que han sido noticia este año sobre el consumo y la eficiencia de los datacenter es este Recalibrating global data center energy-use estimates [66] y la consiguiente noticia Study: Data Centers Responsible for 1 Percent of All Electricity Consumed Worldwide.[67] Este estudio insistía mucho en refutar dos anteriores que se han usado mucho para criticar el futuro de la red. Este de 2015 On Global Electricity Usage of Communication Technology: Trends to 2030[68] y este de 2018 Assessing ICT global emissions footprint: Trends to 2040 & recommendations[69]

El argumento central de los nuevos estudios del año 2020 es que la eficiencia “claramente” está haciendo que el consumo de los datacenter no crezca (tanto, pero crece)… o eso dicen. Parece ser que están comparando consumo de años anteriores con los de 2019 y 2020. Por otro lado los estudios de 2015 y 2018 afirmaban que la energía consumida no pararía de crecer hasta ser el 20 o el 30% del consumo mundial.

Y esto de la eficiencia de los nuevos estudios puede parecer lógico… así de primeras, si la eficiencia mejora, obviamente tendremos más con menos… explicación obvia… ¿verdad?

Pero el tema es que esto casi nunca es así. Es decir a más eficiencia con la misma energía siempre se genera más gasto de energía y recursos. ¿por qué? Porque quieres hacer más cosas, nunca te conformas con quedarte

65 https://www.felixmoreno.com/el-fin-de-la-memoria-3-internet-peak-net/
66 https://science.sciencemag.org/content/367/6481/984
67 https://www.datacenterknowledge.com/energy/study-data-centers-responsible-1-percent-all-electricity-consumed-worldwide
68 https://www.mdpi.com/2078-1547/6/1/117
69 https://www.sciencedirect.com/science/article/abs/pii/S095965261733233X#

como estás. A esto se le llama paradoja de Jevons. Y mientras haya energía de sobra, cualquier infraestructura o manufactura al hacerse más eficiente hace que se fabrique mucho más.

Entonces, ¿dónde está el truco? Porque hace unos años pensaban que internet acabaría gastando cada vez más y más energía y ahora dicen que la cosa está creciendo pero de forma más moderada debido a la eficiencia energética. Desde mi punto de vista ambos puntos de vista obvian lo más importante , la energía disponible y su evolución pasada presente y futura. Aunque hay otras posibles opciones.

Primero podría ser que realmente no esté bajando el consumo de los datacenters, es decir que aparte de la nube convencional ahora tenemos la nube para inteligencia artificial, y la nube para minería de criptomonedas y que tal vez estos estudios no incluyen eso en sus cálculos o que son equivocados y que siga Jevons al rescate, como sugieren expertos que han opinado al respecto de estos nuevos estudios.

De hecho el consumo de la nube de google no ha dejado de crecer, por mucha eficiencia energética que haya habido, (aún ando buscando los datos de 2019 y 2020 a ver si hay estancamiento) estos son los datos hasta 2018. Como dije al principio estos datos ya no los encuentro en su web, ahora sólo hablan de lo eficientes que son sus datacenters, pero en 2018 estaban orgullosos de sus Twh con energías renovables.

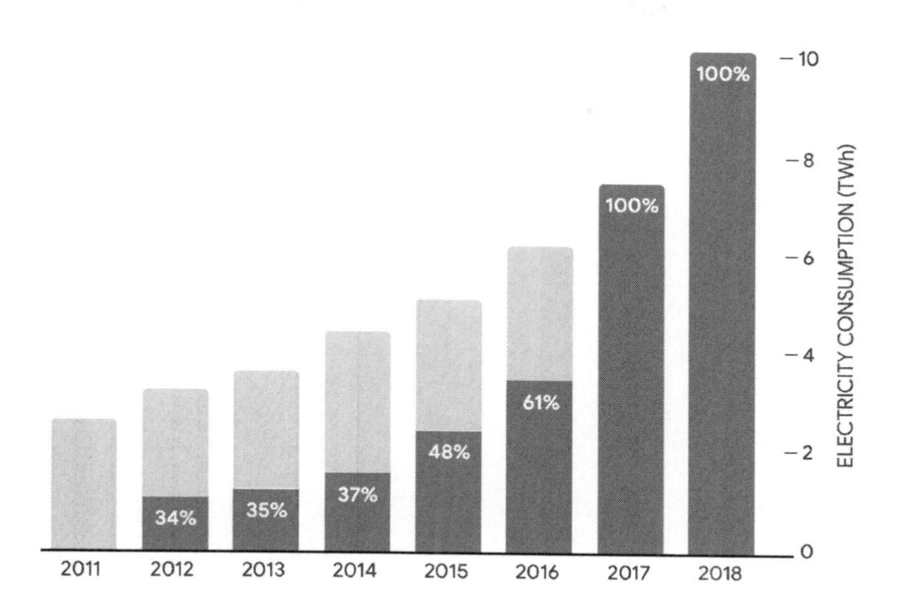

Otra opción es que hayamos llegado al PEAK CLOUD, es decir que ya no haya más necesidad de hacer crecer físicamente más la nube. Que no se creen nuevos datacenters, y que los que hay vayan renovando poco a poco sus equipos con equipos más eficientes energéticamente hablando, o incluso cerrando debido a una concentración en pocas manos de casi toda la red. Todo esto ya lo advertía en el PEAK NET. Algo que ya pasó en discos duros, memorias ssd, y otros elementos de la red, esta concentración hace que haya menos empresas, que estas crezcan un poco pero siempre acaban reduciendo la oferta final total al morir la competencia por la reducción del pastel a repartir. Por cierto al usar porcentajes no acabamos de saber en la siguiente gráfica si aumenta o se reduce el número de máquinas o servidores, son solo porcentajes.

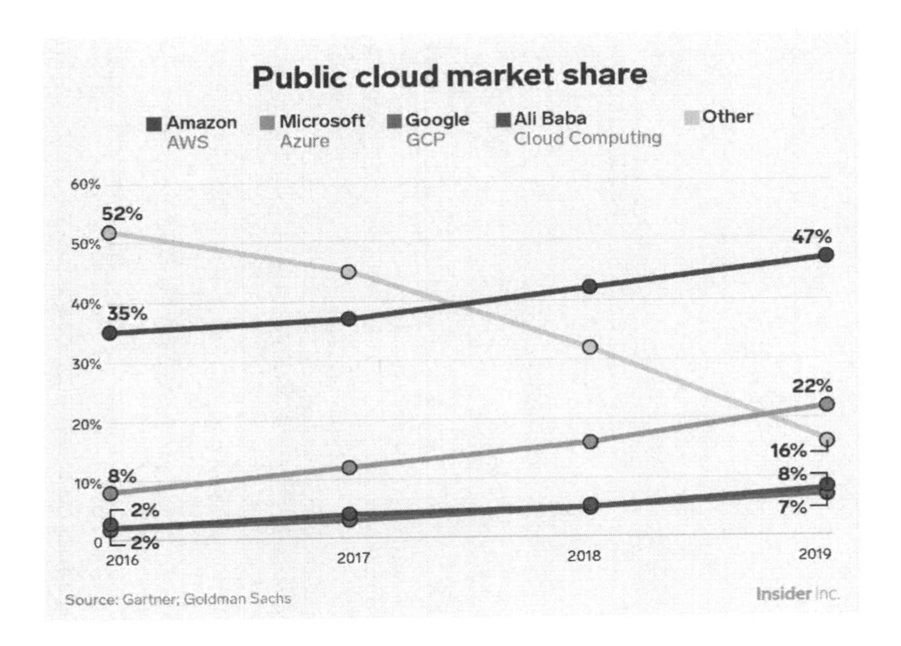

Obviamente esto no lo dicen esos estudios, sino que achacan únicamente a la eficiencia la reducción de consumo y no a una causalidad de momento de decrecimiento con la eficiencia actual.

Es decir que la eficiencia de los equipos informáticos lleva aumentando desde el dia que se inventó la informática (Ley de Moore), pero es ahora en el pico tecnológico y de petróleo cuando achacan la reducción de consumo a la eficiencia, el resto del tiempo la eficiencia aumentaba pero el consumo no bajaba (Ley de Jevons).

Pero esta segunda opción de que estamos en el pico no es sólo una conjetura, es decir, con todos los datos que he ido publicando en mi saga de El fin de la memoria, se puede ver claramente que cada vez se fabrican menos ordenadores, y menos discos duros, y menos chips es inevitable entender que esto debe afectar también a los datacenters. De sólo hecho me falta por analizar más en profundidad los números reales de ventas procesadores, pues en mi primer artículo PEAK MEMORY MICROPROCESADORES, sólamente conjeturaba sobre la posibilidad de que tarde o temprano lleguemos a ese PEAK,pero sobre el almacenamiento están todos los datos aquí PEAK MEDIOS DE ALMACENAMIENTO. Además desde que escribí PEAK COMPUTING muchas cosas han pasado. Ya son sólo 2 fabricantes (TSMC y SAMSUNG) los que pueden fabricar chips de 5 nm cuando en 2019 estábamos hablando de 10nm y que ya se estaban quedando atrás muchísimas fundiciones. También estamos viendo el derrumbamiento de Intel ante AMD y los procesadores ARM. Intel la que ha controlado el mercado de procesadores desde su invención en los años 70. Pero de todo eso hablaré en el PEAK PROCESADORES.

Este nuevo estudio que es de pago y que sólo he podido leer a través de los medios dice:

"The 2016 study found that in the US, data center energy consumption grew by 4 percent between 2010 and 2014. That's after it grew 24 percent in the preceding 5 years, and nearly 90 percent between 2000 and 2005."
"Servers, storage, and network hardware on its own consumed more energy in 2018 (130TWh) than it did in 2010 (92TWh). But these devices use energy much more efficiently now than they did a decade ago, meaning a lot more computing for every 1Wh used." [70]

Donde se ve un descenso del crecimiento porcentual de consumo y aún así el consumo sigue creciendo. Lo que ellos llaman una reducción de la velocidad del crecimiento en el consumo, yo lo llamo un estancamiento y aproximación al PEAK de la nube, algo obvio si se analizan los pedidos reales de discos duros, memorias, y reducción de producción de material informático mundial que está pasando durante toda la década de 2010 a 2020.[71] Si la eficiencia realmente fuese un factor no habría crecido la producción hasta 2010, sino que estaría estancada desde los años 80, pero la realidad es que mientras ha habido energía que desde mi punto de vista ha sido hasta 2009 la red y la informática no ha parado de crecer, y desde entonces casi todo está llegando a sus pico y está empezando un lento por ahora descenso o decrecimiento que desde mi punto de vista insisto acabará siendo muy brusco pronto.

---

70 https://www.datacenterknowledge.com/energy/study-data-centers-responsible-1-percent-all-electricity-consumed-worldwide
71 Peak Memory 2 Chip Wars, la guerra fría tecnológica entre EEUU y China, Felix Moreno ISBN: 979-8567242865

Estamos viviendo un momento extraño donde la tecnología se está centralizando en unas pocas empresas y se está literalmente sacando los datos y servicios de empresas, ayuntamientos y hogares para acabar decreciendo y centralizando en unos puntos concretos del planeta. De hecho para mi las nubes de google, microsoft o amazon son un claro ejemplo de decrecimiento y centralización. Casi todas las empresas y estados del mundo,están moviendo sus datos y centralizandolos en estas nubes privadas. A su vez las empresas están dejando de comprar ordenadores, discos duros, memorias con lo que el mercado se reduce. Los fabricantes por otro lado están viendo cómo sus clientes son cada vez menos y sobre todos son estas empresas de la nube como decía en mi relato de EL FIN DE LA MEMORIA 4 EL FUTURO. La nube será controlada por 4-5 empresas en todo el mundo que tendrán una cantidad importante de datos, pero mucho más pequeña de lo que fue el año 2010 en lo que a número de ordenadores, unidades de almacenamiento etc. Es probable que estas empresas de la nube acaben comprando a los fabricantes de chips y memorias para autoabastecerse a ellos mientras el resto empezaremos a usar ordenadores y móviles cada vez más viejos para acceder a sus nubes. O tal vez nos los provean ellos, algo que ya casi es así si piensas en la nube de Apple (iphones, ipads), Amazon (kindles varios) o Google (ecosistema android) y no tenemos a Microsoft porque fracasó con sus móviles.

Es decir hay un claro decrecimiento tecnológico ya en marcha que no ha hecho más que empezar, para nada relacionado con la eficiencia sino más bien con la escasez energética que empezó desde mi punto de vista cuando se llegó realmente al pico del petróleo en la década de 2000-2010 y cuya década posterior 2010-2020 es solo la primera de muchas de decrecimiento tecnológico.

Y para acabar llega el baile del sambito de los porcentajes. En muchos artículos de prensa se habla de porcentajes, de energía, de ordenadores y consumo de internet. Hay que tener mucho cuidado con mezclar porcentajes en cosas que cambian cada año sus valores reales. No es lo mismo un 2% de energía en 2010 que un 2% en 2020, pueden ser valores increíblemente dispares, entonces cuando comparas una cosa que su valor cambia mucho año a año con otra cosa cuyo valor cambia año a año como el consumo de internet no se puede afirmar que ahora internet consume menos en porcentaje que en 2010, porque tal vez consuma mucho mas en realidad.

De hecho si por ejemplo la energía primaria se empieza a reducir drásticamente pero los gobiernos deciden que internet hay que salvarlo, consumiendo internet menos energía que ahora podría ser el 50% de la energía primaria, y no el 2-5% según fuentes.

12. EL COSTE CIVILIZATORIO

Me he encontrado muchas veces en este mundillo del futuro energético y tecnológico con personas que afirman que gracias a la tecnología y la automatización sólo harían falta X personas para generar casi toda la riqueza. Cogen la calculadora y dicen, si casi toda la riqueza la concentran las empresas tecnológicas ahora mismo por ejemplo en el NASDAQ, y su precio en bolsa es de x millones, realmente sólo hace falta que esas empresas crezcan un poco más, que automaticen aún más todo y ya tienen el control de todo, sobran humanos. Pero claro desde mi punto de vista esta visión simplista de la realidad choca con mi versión de la historia. Mi teoría a la que llamo COSTE CIVILIZATORIO, es que no es que unas pocas empresas puedan automatizar muchísimas cosas, y acaben con muchos puestos de trabajo, sino que es todo lo contrario, gracias a la cantidad de humanos que somos en el planeta, cada uno haciendo sus cosas, consumiendo, en cada rincón del planeta, explotando cada trozo de tierra, cada mina, trabajando en cada fábrica o fundición, con todas las personas proveyendo de comida, servicios, universidades casas, y además con muchísima energía que viene del petróleo y otros combustibles fósiles, y solo con todo esto, como haciendo un castillo humano y energético, los de la cúspide pueden soñar con vivir una vida sin personas ni límites energéticos. Obviamente con mi paralelismo se ve enseguida que en seguida que empiecen a quitar personas de la montaña humana la cúspide se derrumba. Es decir, que desde mi punto de vista no se puede disociar un microchip de 7.800.000.000 de personas que entre todos construyen las diferentes civilizaciones que explotan con energía los recursos de todo el planeta para que algunos sueñan con teletrabajo, y máquinas que hacen todo. O lo digo de otra manera, sin 7.800.000.000 de personas no podemos tener lo que tenemos ahora, no se puede quitar gente y pensar que podemos seguir haciendo lo mismo. Vamos a poner un ejemplo real. Taiwan. Taiwán es junto con Corea del Sur los únicos países que pueden fabricar los procesadores de última generación. Para que Taiwán pueda hacer esto "solo" necesitan 40.000 ingenieros. Es decir que sólo hacen falta 40.000 personas para que sea posible el milagro Taiwanés. De hecho China ya les ha quitado 3000 ingenieros que es casi un 10% de estos ingenieros para poder fabricar esta tecnología en su país. Entonces si alguien coge la calculadora y dice, pues más o menos si son 40.000 personas de aquí, luego otros 50.000 por allá para hacer robots en China, pim pam pum, con un millón de personas tenemos todos los ingenieros para hacer un ejército de mega robots asesinos, o un montón de servidores que controlan nuestras vidas con IAs y que hacen casi todos los trabajos… Pero entonces yo me pregunto, si Taiwán casi todo su PIB lo generan estos 40.000 ingenieros…. ¿porque son 23 millones de habitantes? Si casi toda la riqueza la generan 40.000 personas, pq no hacemos robots que mantengan vivas a estas 40.000 personas y los demás fuera, sin trabajo y que se vayan muriendo.

Pues ahí es donde entra el COSTE CIVILIZATORIO.

Sin colegios, esos niños nunca serán ingenieros, sin universidades, sin una casa, sin supermercados, sin limpieza, sin ropa, sin calefacción , sin recogidas de basura, sistemas para tener luz, agua, alcantarillado, sin el resto de operarios de la fábricas de chips, sin camiones, puertos, y todo esto con ingentes cantidades de energía. ¿Empezáis a ver el montón de humanos apilados haciendo una pirámide para que en la cumbre los mejor pagados y que más dinero generan a el país estén arriba? Pero hay más, Taiwan está al lado de China, y siempre existe la posibilidad de que China les conquiste. ¿quién impide que China no conquiste Taiwán? ¿Un ejército de Taiwán de 215.000 soldados? Contra un país que es China cuyo ejército es de 2.035.000 soldados… obviamente no, pero ya tienes que añadir 215.000 personas más a esos 40.000 ingenieros si no habías ya incluido los 23 millones de habitantes taiwaneses. Pues no, para que Taiwán no sea conquistado cuenta con el apoyo de todo el ejército de Estados Unidos, e incluso de Europa. ¿el motivo? Es un país estratégico para el resto del mundo con lo que hay muchísimas más personas que los 21 millones de habitantes sólo para defenderse del China, exactamente el millón de soldados americanos más los alemanes y otros aliados de Taiwán. De hecho Taiwán tiene un ejército considerable pues es el doble de soldados que España pero la mitad de la población, además dicen que 1 millón de personas son reservistas… que no me lo creo. Y de aquí ya empezamos a tirar de cosas como que significa tener internet o una bombilla como relato en mis libros RC1 y RC2 ¿Cuántas personas hacen falta para enroscar una bombilla?[72] o ¿Una página de un libro o una página de internet?[73] Pues por supuesto Taiwán no tiene minas, ni coltán, con lo que necesitamos más ejércitos para controlar los recursos de el Congo o Bolivia, Chile, barcos, aviones, ropa para todas las personas que hemos mentado, comida, bares, hoteles, constructoras, cemento, navieras, fundiciones…. etc… Entonces **¿hasta qué punto podemos sólo con ingenieros y máquinas hacer que sobre gente?** Y lo que es peor, y si encima la energía se está acabando como pasa con el petróleo, el carbón, materiales radioactivos… Y lo que es más interesante, y que no he tocado hasta ahora, ¿hasta qué punto se puede producir riqueza sin nadie que consuma los productos producidos en ingentes cantidades?. Es decir y volviendo a Taiwán, para que las fábricas de Taiwán sean rentables, no se pueden vender 10 millones de móviles ni 150 millones, para esa hipotética sociedad de sólo X personas por ejemplo 150 millones. Es decir como explico en mi saga de artículos de Chip Wars, y El fin de la memoria, cada

72https://www.felixmoreno.com/es/index/
16_0_cuntas_personas_hacen_falta_para_enroscar_una_bombilla.html
73https://www.felixmoreno.com/es/noticias/
105_0_rc_323_una_pgina_de_un_libro_o_una_pgina_web_en_internet.html

vez es más difícil ser competitivo tecnológicamente, y debido a la caída de demanda, y con todos los ciudadanos del planeta consumiendo ya tecnología, **aún así, sólo da para una o dos empresas en la cúspide tecnológica**. Porque para tener robots e IAs, y lo último de tecnología las inversiones energéticas y de dinero es tan grande que sólo tiene sentido con toda la población mundial aportando con su esfuerzo para que sea así, y con las ingentes cantidades de energía que nos ha dado el petróleo. ¿Qué pasará con Taiwán si desaparece la población de la India? Si, sólo se vendieran yo que sé 150 millones de móviles en una hipotética población mundial de esa cantidad como he leído hoy en un artículo que ni voy a mentar. ¿se pueden fabricar móviles en esa pequeña cantidad 150 millones y que sea rentable si a dia de hoy fabricando 1.400 millones de móviles, apenas hay 2 sitios en el mundo que fabriquen los chips de los móviles y apenas 5 empresas de móviles les da para seguir a flote con los costes energéticos y unas ventas cada vez más decrecientes. EL FIN DE LA MEMORIA 6 : PEAK PHONES[74]

¿qué pasará con Taiwán si cada vez hay menos energía en el mundo para hacer todo esto?

Porque la realidad es que sin todo un planeta de 7.800.000.000 de personas consumiendo y los recursos expoliados de la tierra con energías fósiles y comprando 1.400 millones de móviles al año, no podríamos tener móviles tan avanzados y que ya casi nadie puede fabricar porque la demanda no puede crecer al no haber más consumidores potenciales, ni próximamente energía disponible. Por todo esto imaginar una sociedad llena de tencología y robots de sólo 150 millones de habitantes, donde esas máquinas hagan todo el trabajo necesario para mantener vivas a esas personas es teriblemente estúpido desde mi punto de vista, porque no se tiene en cuenta **LOS COSTES CIVILIZATORIOS NI ENERGÉTICOS.** Y dentro de los costes civilizatorios tampoco se tiene en cuenta las diferentes civilizaciones, sus ejércitos y sus intereses, que de ninguna manera se va a quedar en un universo de 150 millones de personitas todas felices con su tecnología robótica y su PIB.

74https://www.felixmoreno.com/es/noticias/128_0_el_fin_de_la_memoria_6peak_phones.html

13. PISCINA DE LODO VS MANCHITA

Ahora voy a hablar de que es la alta tecnología. La de los chips que no paro de hablar, y para que lo entendáis voy a usar un escatológico ejemplo… para poneros en situación todo empezó cuando leí un término que me dejó loco… en un librillo que está circulando por la red… el término era INFORMÁTICA CAMPESINA ... y eso me dio un viento por la nuca… y bueno esto salió…Imagina que una paloma te caga en la nariz y con una toallita te limpias. La caquita sería Facebook, Apple, Amazon, el firewall Chino, Alibaba, Google, Microsoft, la NSA, el GPS, los sistemas de espionaje, los troyanos, el big data, etc. **La toallita, sería el software libre**, el fair phone, las redes wifi comunitarias, las ecoaldeas con conexión por satélite, los móviles rooteados con roms cocinadas, el manifiesto GNU, Richard Stallman, Linus Torvards, el hacking ético, retroshare, diaspora, la red matrix, ubuntu, la FSF, la gobernanza digital, las cooperativas de tecnología, wikileaks, los correos electrónicos cifrados, la informática campesina, y cualquier cosa que creas que es buena que tenga procesador.

Y ahora miras a tu alrededor, y resulta que mientras te limpias la caquita de la paloma de tu nariz, estás en una piscina del tamaño de Madrid llena de lodo, y el lodo te llega hasta el cuello, y cada vez te hundes más. Eso es internet, las redes de telefonía que usas, la red eléctrica, las fábricas que hacen tu móvil, las minas de coltán del Congo, el golpe de estado en Bolivia, el calentamiento global, los barcos transportando tus chips y ordenadores, las fundiciones, las fábricas de Taiwán, China y Corea, el carbón mineral arrancado de la corteza terrestre para fundir tus materiales de tu iphone, la pantalla de tv, la basura tecnológica, los ríos llenos de residuos de la minera para conseguir los materiales de tu pc comunitario, todo el co2 que emite todo internet, y las fábricas para que tengas tu móvil, incluidas las fábricas que hacen las placas solares y las baterías y el consumo de todo el primer mundo tecnológico.

Si quieres salvar el mundo ¿Te has planteado no tener móvil? ¿Has pensado en regalar tu ebook y comprar un libro de papel de segunda mano? Parece una tontería pero el problema real no es el co2, son las cosas que se fabrican y transportan y tenemos que para hacerlas emiten co2.

14. YONKIS TECNOLÓGICOS

En el otro artículo Piscina de lodo y manchita en la nariz explico un poco hasta que punto tenemos tan normalizada la tecnología y el tener cosas y es tan parte de nosotros que no nos damos cuenta de que no existe una tecnología ética, ni limpia. Es decir, que a día de hoy la tecnología no se puede fabricar sin triturar la corteza, sin acabar con la vida, sin doblegar a los países que tienen los recursos, mantener a su población oprimida y controlada, destruir sus ecosistemas, contaminar sus ríos y los nuestros, emitir co2, calentar el planeta, generar ingentes cantidades de basura electrónica contaminante etc, y por cierto usando ingentes cantidades de energía, sobre todo combustibles fósiles, que por otro lado se están acabando y que ya me dirás tú cómo vamos a hacer los chips del futuro...

FASE SOLUCIONES SIN DEJAR DE USAR TECNOLOGÍA.

1. SUBFASE HAGAMOS LO MISMO PERO DE FORMA ÉTICA

La primera reacción del **yonki tecnológico** es, bueno pues hagámoslo de forma ética. De ahí surgen iniciativas como el Fair Phone que desde mi punto de vista en un valiente ejercicio de hipocresía tecnológica. Fíjense como el yonki tecnológico **no dice, bueno, pues igual toca reducir el uso de tecnología**, su primer impulso yonki y el único es... Sigamos haciéndolo, sigamos con la droga, pero de forma ética, sin contaminar, en países donde no tengamos que destruir sus democracias etc. Y esto choca frontalmente con la repartición de los minerales por la corteza terrestre. Esa decisión no se tomó con Cristóbal Colón, ni con los Mayas, pasó mucho antes de que la vida floreciera en la tierra, exactamente cuando se estaba formando la corteza terrestre. Es más añadiría que además se hizo de forma irregular y escasa, al menos en la corteza a la que podemos acceder, es decir que los materiales se repartieron a cachos por ciertos lugares y además en cantidades insuficientes para satisfacer la demanda de tecnología del siglo 21. Pero no pasa nada yonki tecnológico, tú seguro que estás a favor de sacar coltán del subsuelo del estrecho de Gibraltar por ejemplo...triturar el mar por sus raíces y contaminar todo el mediterráneo para que así tengas tu móvil nuevecito. Me he encontrado esta fase también en discusiones sobre cómo explotamos al tercer mundo, donde cuando les explicas cómo destruimos su medio ambiente, o matamos a los opositores locales, te dicen.. bueno pues hagamos lo mismo, porque yo chocolate y café sigo queriendo pero... de forma ética....

2. SUBFASE USAR MATERIALES DE BASURA

El siguiente pensamiento que le pasa por la cabeza al **Yonki Tecnológico,** es "bueno, espera espera, que he tenido una idea genial, VAMOS A USAR LA BASURA TECNOLÓGICA PARA HACER TECNOLOGÍA". Super idea muchacho, te vamos a dar un nobel, ya podemos mantener la forma de vida occidental y todo internet, los vertederos pasarán a ser ahora canteras tecnológicas, ya no hará falta fabricar chips, en

Taiwan están acojonados. Fijaros que el yonki tecnológico sigue en su cabecita sin plantearse no tener tecnología, está ahí dándole a la cebolleta pensando en como poder tecnología si por un casual las cosas que dice este Felix pudiesen pasar, como lo que digo en El fin de la memoria 1 Peak Computing[75] o en El fin de la memoria 2 Peak Memory[76]. de estas ideas salen libros que me flipan como el que tiene un capítulo titulado "INFORMÁTICA CAMPESINA", y movimientos de arreglar hardware en vez de tirarlo, salvo que ningún humano puede con sus manitas arreglar ni un solo chip, ese es gran problema de la tecnología moderna.

En discusiones sobre agricultura con leds donde yo defiendo dejarse de tonterías y aprender a cultivar en el campo no en un sótano con costosos sistemas de leds y electricidad, me encontré con argumentos como que cualquier led sirve con lo que solucionan el problema de que para cultivar con leds hacen falta leds que se fabrican en pocas fábricas del mundo, el tema es que en esta fase el yonki BUSCA SOLUCIONES TECNOLÓGICAS ALTERNATIVAS SIN PLANTEARSE DEJAR DE USAR TECNOLOGÍA.

3. SUBFASE TAMPOCO HACES DAÑO A NADIE Y DA IGUAL LO QUE HAGAS

Una fase o argumento cuando les explicas lo que hay, que la tecnología no soluciona los problemas que la misma tecnología genera con más tecnología y si se está hablando de algún acto individual como hacer un invernadero led en casa, realmente no hace daño a nadie... pero no estamos hablando de lo que tu haces en casa, estamos hablando de legitimar una forma de obtener cosas con tecnología que acaban a gran escala destruyendo el planeta. Otra variante de esta fase es invocar a la Paradoja de Jevons[77] para afirmar que si no lo haces tú otro lo hará y que las acciones individuales no sirven de nada que hay que cambiar el sistema etc etc, claro... así te lavas las manos, la pregunta es una vez que sabes el mal que haces... ¿debes seguir haciéndolo porque total da igual? Yo pienso que aunque sirva de poco si puedes cambiar un poco tus hábitos está bien aunque no salves el planeta tu sólo.

75https://www.felixmoreno.com/el-fin-de-la-memoria-1-el-futuro-de-la-informatica-PEAK-COMPUTING/

76https://www.felixmoreno.com/el-fin-de-la-memoria-2-el-futuro-de-la-informatica-PEAK-MEMORY/

77https://es.wikipedia.org/wiki/Paradoja_de_Jevons

4. FASE YO HAGO COSAS

Siguiente fase es decir que ellos ya hacen muchas cosas buenas por el planeta, o que saben lo que hacen, es una fase no le busques sentido, llegado el momento intentan decir que ellos hacen cosas, tengo una huerta de permacultura, *"yo reciclo y separo la basura, y tengo una bici eléctrica, y he fundado una asociación de software libre donde hablamos de cómo liberaremos los ordenadores del sistema capitalista, y tengo un móvil libre de multinacionales que me he hecho rebuscando en la basura y flasheando en casa...."* con la consecuente pregunta, ¿y tú qué haces? Como si yo tuviera que hacer cosas antes de recordar los problemas de la tecnología.

5. FASE ATACAR AL MENSAJERO

La siguiente fase cuando leen mis textos o dialogan con migo, es atacar al mensajero, es triste, algo de lo que ya hablé en mi artículo de No hagas nada, o deja de hacer cosas[78] , pero donde el Yonki Tecnológico se vuelve especialmente virulento, realmente desean hacerte daño, porque les has tocado algo muy dentro suyo, de su adicción a la tecnología o al chocolate, tabaco o al café, mi discurso amenaza a su forma de vida a niveles del hipotálamo. Y es que las cabecicas de las personas son todas más o menos iguales y en todas en ese momento de acorralamiento mientra alguien te dice que quiere ayudarte a salir del túnel, el yonki como un zorro acorralado muerde... y dice.... *"mira tu eres un hipócrita porque estas usando tecnología para decirme A MI, (yonki tecnológico) que use menos tecnología, quien eres tu para decirme usando facebook, o telegram a mi que no use móvil, vergüenza debería darte, da ejemplo primero tu y vete a vivir a una cueva....."*

6. FIN.

Y así amigos acaba la discusión con el Yonky Tecnológico... con un ad hominem. Y eso que la discusión acababa de empezar, es decir, que todavía no había hablado del más que posible futuro sin energía que impedirá fabricar chips más pronto que tarde. Ni tampoco hemos discutido sobre los efectos que internet, y la tecnología hacen al planeta, lo que significa en co2, contaminación, residuos, vida útil, en fin muchísimos temas

78https://www.felixmoreno.com/es/index/34_40_no_hagas_nada_o_deja_de_hacer_cosas.html

que he ido desgranando en mis libros.

________Por cierto a la pregunta final del yonki tecnológico mi respuesta es ... y nunca dije que no fuese un yonki tecnológico... un yonki puede saber perfectamente qué es lo que le autodestruye, pero simplemente no puede dejarlo, es...el yonki consciente... este a veces pide ayuda a diferencia del yonki feliz que ni se plantea que tiene un problema. Por otro lado además, el no usar tecnología no es opcional, es decir, que si se cumplen las previsiones científicas la energía se acaba y as renovables no van a sustituir a las fósiles, y además se acaban los materiales, y por otro lado y no menos importante probablemente ya hayamos cruzado el umbral de no retorno de la extinción masiva de gran parte de la vida en la tierra...realmente deberíamos dejar de usar tecnología, y volver al papel, sobre todo en administraciones, archivos, justicia, medicina etc... porque pronto no será una opción.

Usa este texto para enviárselo a cualquier Yonki que encuentres por las redes sociales y acepta que tú también eres un Yonki del primer mundo a las cosas, al café, al tabaco, al chocolate, a la tecnología, móviles, ordenadores y te daba igual de donde viene todo esto tal vez hasta ahora.

15. EL MANUAL Y UN TEST DE EMBARAZO

Estaba por casa poniendo orden a mis libros, que es algo que hago a veces para que estén por temáticas y cosas así, total que estaba juntando en un rincón de una estantería los libros que tengo de informática, cuando de repente me encuentro con el manual de FUJITSU, guia de usuario, para su ordenador 286. Era sobre todo un manual para MS-DOS 3.3, Microsoft Disk Operating System, o disco de sistema operativo de una empresa llamada microsoft. Es un manual de 1986 en perfecto español y de la nada despreciable cantidad de 500 páginas.

Aparte de la nostalgia que me dió ver este manual y recordar aquel primer ordenador de segunda mano que tuve en 1992, muy muy desfasado para la época pues era de un 286 a 16 Mhz con 640 kb de RAM. Desde entonces ha evolucionado tanto la informática que hasta un test de embarazo digital de 12€ tiene más capacidad de cálculo que este, mi primer ordenador. Que digo yo, ¿realmente es necesario meter un procesador con su batería y una potencia de cálculo equivalente a la de mi primer ordenador para una cosa de usar y tirar?

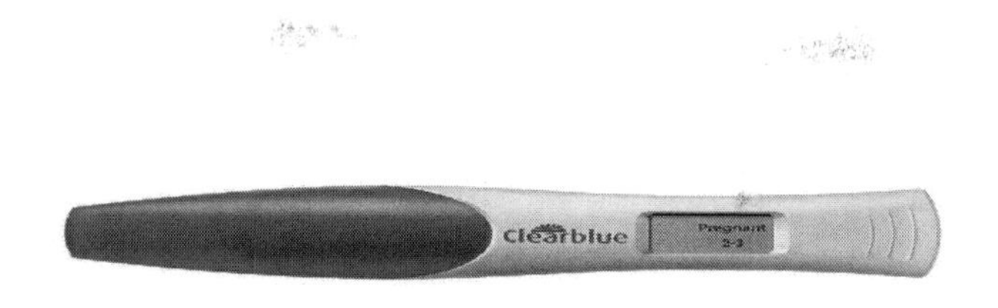

Dentro del test de embarazo hay un procesador de 8 bits HT48R065B fabricado por Holtek y que funciona a 4mhz aunque podría duplicar su velocidad, alimentado por una pila y que se activa cuando le echas orina o agua y sólo funciona una vez, pues es obviamente de usar y tirar. De hecho lo más ridículo de esto es que el ordenador básicamente tiene visión artificial para leer la MISMA TIRA que hay en un test de embarazo normal, tiene unos sensores ópticos que cuando sale en el papel del test || o |+ en vez de tener que mirar el prospecto de papel y saber que || significa embarazo y |+ no embarazo, todo este ordenador de usar y tirar dentro del test de embarazo hace ese trabajo de interpretar las dos barritas o barrita cruz por ti y te dice en su pantalla EMBARAZO!!! o NO EMBARAZO!!! Dicen que mucha gente es incapaz de entender que dos rayitas significa una cosa y rayita y cruz otra y por eso hace falta meter un ordenador en un test de embarazo.... IDIOCRACIA.

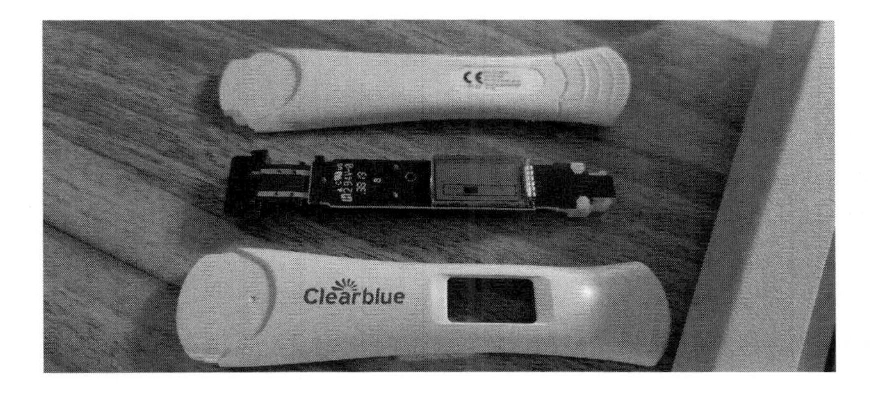

Fuente Twitter[79]

Pues bien, este libro que encontré, en perfecto estado desde los años 80 habla de un sistema operativo llamado MS-DOS que ya no existe, de sistemas de almacenamiento que ya no existen, llamados disquetes de 3.5.

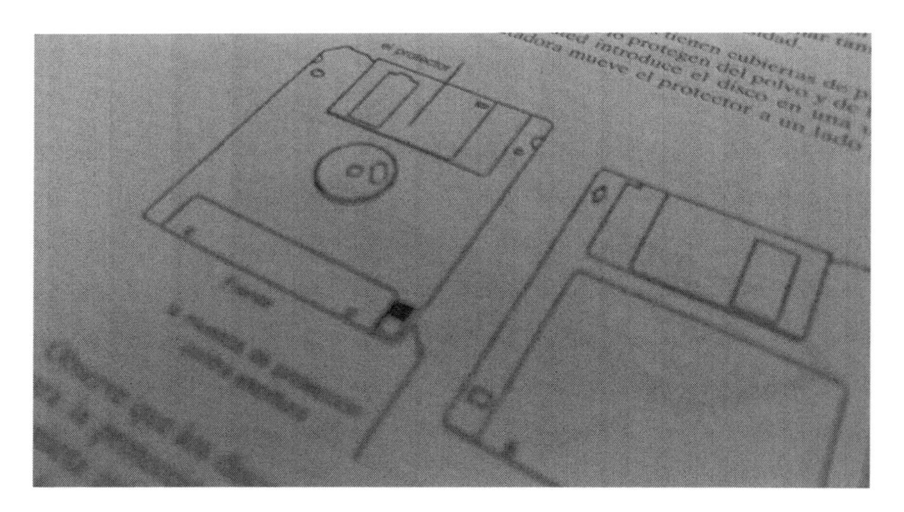

Y de ordenadores que ya no existen y que nadie usa, y cuya tecnología quedó obsoleta, y cuyas piezas ya son parte de algún vertedero en forma de basura electrónica desde hace años.

79https://twitter.com/CrunkComputing/status/1292930670583406592

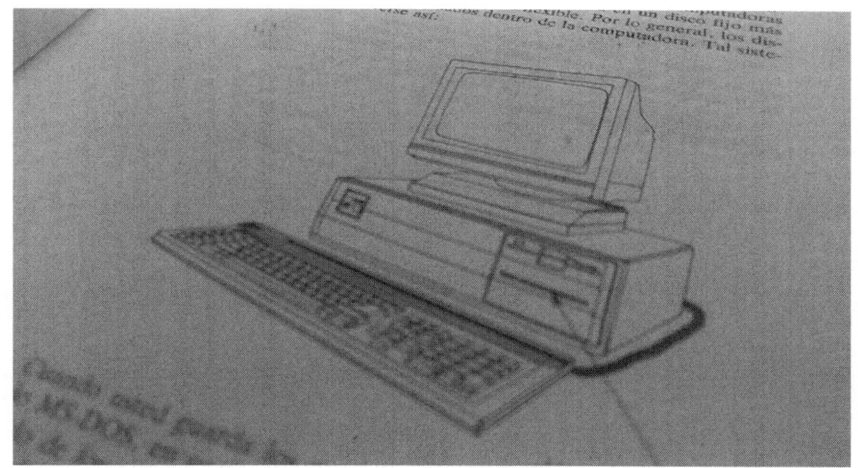

Y todo esto me llevó a la siguiente reflexión, que es algo que obviamente llevo diciendo ya desde hace tiempo en mis libros, y es la vida útil de un libro vs la de un equipo informático. Pasarán 50 años y el manual de MS-DOS seguirá como el primer día, legible y usable, pero el sistema del que habla hará décadas que dejó de existir, su contenido habla de cosas que ya no sirven para nada, comandos obsoletos, objetos que desaparecieron al poco tiempo de ser fabricadas y usadas, como mucho el ordenador del que habla este manual duró 5 - 6 años… **y aquí estamos yo y el manual…. viendo pasar el tiempo. que cosas ¿verdad?.**

16. TECNO OPTIMISMO Y LA ESTUPIDEZ CIRCULAR

Hoy vamos a hablar de tecnoptimismo. Y la estupidez circular, es un nuevo término que se me ha ocurrido esta mañana para definir lo que viene a ser la economía circular de la tecnología, es decir, cómo todo está interconectado en un estúpido ciclo donde usamos la tecnología para salvar el planeta mientras lo estamos destruyendo, para ello vamos a usar el ejemplo de un dron semillero, o como digo yo, un dron pastillero. Primero definamos el tecnoptimismo, muchos ya sabéis lo que es, pero como estos textos van dirigidos también a personas neófitas en estos temas. El tecnoptimismo es una visión optimista del futuro en la que la tecnología nos resolverá todos los problemas a los que nos enfrentamos, da igual que todavía no exista esa tecnología, simplemente creemos que como si de un DEUS EX MACHINA se tratara, llegará y nos salvará de los problemas que nosotros mismos hemos creado. Es más, y aquí es donde empieza la ESTUPIDEZ CIRCULAR, la tecnología nos salvará de los problemas que la tecnología ha creado, creando más tecnología... (pero no se lo digáis a nadie, que luego tendremos que salvarnos de esa nueva tecnología... ¡chsss!).

LA ESTUPIDEZ CIRCULAR es el círculo mediante el cual se produce tecnología para salvar el mundo y la vida destruyendo aún más el mundo y la vida. Para entender mejor este nuevo concepto, vamos a usar un ejemplo que he visto en Facebook, compartido en una comunidad online de medio millón de personillas, La huerta de Toni. No es una crítica hacia él o su comunidad, que respeto, de hecho, cosas de la vida, conocí a Toni hace ya unos años en Matavenero, en una loca semana de "jornadas hippies y plantas que curan cáncer", antes de que él montase todo ese exitoso proyecto. Pero lo vi ahí, en su muro y pego la captura[80]. De hecho os dejo un enlace[81] por si os gustan estos temas de huertas etc., tiene cosicas interesantes...

Dice la noticia [82]esto:

"Así mismo la tecnología una vez más se pone de la mano de la naturaleza y de las ideas verdes gracias a una empresa en Reino Unido llamada BioCarbon Engineering que se encuentra en fase de experimentación para probar el uso de drones para plantar árboles en zonas quemadas. La empresa fue fundada por un ex ingeniero de la nasa Lauren Fletcher que aprovechando su trayectoria en la Agencia Espacial quiere devolver el equilibrio al planeta utilizando la tecnología de las naves no tripuladas, para según cuenta, poder plantar hasta 36.000 árboles por dron y día!" [sic].

Yo me quedo con esta frase, "la tecnología una vez más se pone de la mano de la naturaleza y de las ideas verdes", es como una aventura griega donde el dios "tecnología", una vez más, viene al rescate de los pobres navegantes perdidos por el mediterráneo. ¡¡¡Gracias tecnología!!! Además, tecnología aeronáutica del espacio exterior... Si con eso no estamos salvados, que venga Zeus y se haga un selfie. Claro, suena genial, ¿verdad? Un dron paseando por nuestros bosques plantando miles de arbolillos ahí, a su ritmo, sin tener que ir un sucio humano, o la sucia naturaleza a plantar las semillas, ¡¡¡viva la tecnología!!! Pero claro, esto va de ESTUPIDEZ CIRCULAR, veamos pues cómo se fabrica un dron, para analizar las bondades electrónicas del asunto. Para empezar, un dron tiene baterías de litio que hay que cambiar cada X usos.

¿Cómo se fabrican esas baterías? Pues con minas de litio,

80https://www.facebook.com/LaHuertinaDeToni/posts/1939666426163885
81https://www.facebook.com/pg/LaHuertinaDeToni/
82https://www.ideasverdes.es/plantar-36-000-arboles-al-dia-gracias-dron/

obviamente, analicemos los siguientes titulares de noticias y artículos sobre los sitios donde se obtiene ese litio:

"Chile: Experta alerta sobre riesgos de agotamiento del agua por extracción de litio en salar de Atacama en nuevo proyecto de Wealth Minerals".[83]

"La docente del Departamento de Ingeniería Química y Procesos de Minerales de la Universidad de Antofagasta (UA), Ingrid Garcés, conoce bien el impacto que la industria del litio genera en esta zona: «Para producir una tonelada de litio se evaporan 2 millones de litros de agua desde las pozas, es decir, 2 mil toneladas de agua que no es posible recircular». Esto, agrega, «es rentable para la industria porque significa un proceso sin costo de energía, pero lamentablemente tiene el costo de la pérdida de agua de un sistema que no es renovable, más es una región desértica». [...] Respecto de la cantidad de agua y salmuera que se bombea desde esta cuenca hidrográfica, la profesional indicó que son más de 226 millones de litros de agua diariamente, lo que consta en los estudios de impacto ambiental de SQM y Albemarle, a las que se les ha otorgado esa cantidad, lo que además está registrado en la Dirección General de Aguas."

"Chile: Explotación de litio deja sin agua a pobladores".[84]

"La demanda del litio está aumentando en todo el mundo, pero la minería está provocando diversos conflictos. En los pueblos del desierto de Atacama en Chile, el agua para las personas y los campos es cada vez más escasa."

83https://www.ocmal.org/cada-tonelada-de-litio-requiere-la-evaporacion-de-2-mil-litros-de-agua/
84https://www.dw.com/es/chile-explotaci%C3%B3n-de-litio-deja-sin-agua-a-pobladores/a-52165228

Imagen de Free-Photos en Pixabay.

Pero un dron tiene otros materiales, como el cobre de los motores eléctricos y el cableado. Veamos cómo se obtiene este cobre:

"Minería de cobre y sus impactos en Ecuador".[85]

"Después de arrancar el material del subsuelo con explosivos, el material es transportado en enormes volquetes a molinos que utilizan ingentes cantidades de energía y convierten al subsuelo mineralizado en tierra fina. Posteriormente, y utilizando millones de litros de agua al día, este material se mezcla con químicos para separar el cobre del resto de minerales. Si hay oro o plata- lo cual es muy común- la minería a gran escala utiliza cianuro de sodio para segregar el oro del resto de los otros minerales. El cianuro es una de las sustancias más tóxicas conocidas por el ser humano. En estado puro, la cantidad equivalente a un grano de arroz es suficiente para matar a una persona adulta. [...] Para producir una tonelada de cobre, en promedio, es necesario procesar 497 toneladas de materiales sólidos: 147 toneladas de mena y 350 toneladas de escombros. Los escombros consisten en tierra fértil, bosques, vegetación y el subsuelo que no contiene cobre, pero que tiene que ser removido para acceder al yacimiento. Los escombros, que las empresas denominan "estériles",

---

85http://extractivismo.com/2013/07/mineria-de-cobre-y-sus-impactos-en-ecuador/

comúnmente contienen metales pesados como el arsénico, antimonio y plomo que contaminan el medio ambiente y presentan un grave riesgo para la salud."

Imagen de Michael Schwarzenberger en Pixabay.

Pero un dron tiene otros materiales también, como el coltán para los microchips y antenas:

"Coltán, el mineral de la muerte".[86]

"El mineral coltán, es el causante de un conflicto bélico que se ha cobrado la vida de cuatro millones de personas desde 1997 y la desaparición de poblaciones de gorilas en la república democrática del Congo. Uganda y Ruanda se aprovechan sin corazón para matar y violar en masa a la población, convirtiendo esta región un un genocidio orquestado, donde los países del primer mundo miran para otro lado sin hacer nada. La extracción de coltán, un mineral muy escaso y que es empleado para uso de alta tecnología; ha provocado un largo conflicto bélico interno en el país, que desde 1997 (una década) hasta nuestros días, ha causado más de cuatro

86https://www.concienciaeco.com/2015/01/14/coltan-el-mineral-de-la-muerte/

millones de muertes. El control por las minas de este mineral escaso, así como por la extracción de diamantes, ha originado que este conflicto durara tantos años y se cobrase tantas muertes ante los ojos cerrados de la comunidad internacional. Han existido y existen aún verdaderas hambrunas en muchas regiones de este país que soporta una deuda externa casi insostenible. Sin embargo, es uno de los países con mayor riqueza, siendo "La cuenca del río Congo", la segunda selva más importante de la tierra. En las montañas del parque Nacional Kakuzi Biega, donde se extrae el Coltán, han acabado además con la vida de cientos de gorilas, perdiéndose para siempre poblaciones muy importantes para la supervivencia de este simio en peligro de extinción. Además para la declaración de Parque Nacional, se expulsó a tribus indígenas abandonándolas a su suerte sin que nada se haga por ellas. Los niños mueren de enfermedades y malnutrición cada día porque son incapaces de conseguir un hospital mejor equipado."

Imagen de MustangJoe en Pixabay.

Y así podría estar todo el día, revisando cada uno de los materiales que forman nuestro ecológico dron que va a plantarnos arbolitos en los rincones más inaccesibles de nuestros campos. La ESTUPIDEZ CIRCULAR y el TECNOPTIMISMO están destruyendo el planeta, es decir, que cuanta más tecnología usemos, no es que nos acerque solo un poco a la salvación de la vida y los ecosistemas, es que nos aleja, destruimos los ecosistemas de otras partes del mundo para poder hacer cosas ecológicas en nuestra tierra, provocamos guerras, les quitamos el agua, contaminamos sus ríos y matamos a sus hijos, o los usamos como soldaditos en guerras en pro del control de sus recursos para hacer nuestro DRON PLANTA SEMILLAS…

La próxima vez que quieras salvar el mundo con tecnología, mejor cómprate una azada y vete al campo a hacer hoyos.

17. CENSURA EN INTERNET Y UN INTERNET INCENSURABLE

Cada cierto tiempo, en alguna comunidad online en la que participo, tienen una epifanía, una revelación. Un "esto no puede pasarnos a nosotros", "emosido censurado", ¡¡¡libertad de expresión!!!, ¡¡¡a las barricadas!!! Así ha sido y así seguirá siendo cada vez más. Y es que internet ya no es la llanura donde los *mustangs* cabalgan libres galopando al viento, sino más bien un corral de una empresa cárnica donde tienen a la vaca bien encasillada en una celda, donde la dejan crecer para, llegado el momento, alimentarse de ella. Eso somos en cualquier red social cuyo objetivo sea ganar dinero, no con nuestro efectivo, sino con nuestros datos, que damos felizmente a cambio de poder estar con otras vacas y comunicarnos a gritos en el corral. Pero siempre llega el momento en el que el dueño de la granja tiene que poner en cintura a sus reses. Ya sea por motivos entendibles, como violencia, acoso, o cosas más chungas o por otros motivos menos entendibles. Puede pasar que, simplemente, al dueño del cotarro le caigas mal, o que la ley de ese país haya cambiado y obliguen a las granjas a no tener cierto tipo de animales. Tal vez no les interesa a los dueños de la granja un tipo de carne porque no les da beneficios, o porque algunas vacas son molestas para otras partes de la granja… También hay que entender que para producir buena carne hacen falta vacas felices e ignorantes, ya sabéis el dicho, vaca despreocupada, vaca feliz, si hay vacas que no paran de hablar de lo mal que está todo y del matadero, pues… obvio son malas influencias.

Imagen de Irina L en Pixabay.

Últimamente están utilizando a las vacas para, incluso, manipular los resultados electorales de muchos países, que cosas…. o, por ejemplo, esta semana se está prohibiendo que las vacas nacionales puedan ir a que las ordeñen en granjas de otros países, como China o Taiwan, ji, ji, sí, sí. Y esto es lo que hay, esto por si no habéis pillado, las granjas son las granjas de servidores de las redes sociales de internet, la vaca a la que ordeñan eres tú. Por otro lado, se puede hacer un *"Revolución en la Granja"* y luchar por la libertad de expresión… etc., técnicamente es imposible ganar, pero aunque lo consigas, como en el relato de Orwell, o consigas algunas migajas, como que algo que ha sido censurado se descensure... seguirás en una granja... y serás ordeñando... aunque puedas mugir libremente, o eso piensas... Si no habéis tirado la toalla después de leer mis libros sobre *El fin de la memoria* y os estáis empezando a preparar para una vida sin internet... cosa que deberíais, hay opciones. Yo hace décadas que estudié estas opciones disponibles y por eso os voy a ayudar a que entendáis cuales son las mejores o porqué deberíais escoger al final lo que yo os recomiende, que para eso estudié telecomunicaciones medio lustro, ¡leñe! :P El primer asunto a tener en cuenta es... ya puestos vamos a hacer la transición desde granjas normales a algo que no sea una granja... porque para ir saltando de granja en granja... mejor nos quedamos como estamos, ¿esto qué quiere decir? El paralelismo de granja significa un sitio en la red que tenga un dueño, que pueda decidir por nosotros si podemos estar o no allí... con esta definición, irnos de Facebook, a Twitter no tiene sentido, pero tampoco lo tiene irte a redes no controladas por grandes empresas y que sean controladas por personas que, llegado el momento, decidan tirarnos también... por ejemplo, redes como Diáspora, redes de ciudadanos, Matrix, Next Cloud, OwnCloud, servidores de chat, tipo Telegram, o los que nos dicen que son seguros, como Signal... todo ese tipo de infraestructuras tienen un servidor central, o granja, que no controlamos nosotros. No sé si me explico. Por otro lado, debe ser algo difícilmente censurable, es decir, montar mi propio servidor en casa, e invitar a mis colegas, en el fondo sería una especie de granja, pero el tema es que si yo apago el servidor, mis amigos no se pueden comunicar, con lo que ya la hemos fastidiado. Entonces, el tema es que hay que buscar una solución en la que todos seamos totalmente independientes los unos de los otros, pero a su vez podamos estar interconectados.

Imagen de Felix Lichtenfeld en Pixabay.

Otra cosa interesante e importante cuando decides dar el paso a una internet incensurable, es que además, puedas controlar con quién compartes tu universo y con quien no, es decir, hay opciones en las que la seguridad no es importante, no son centralizadas pero… cualquiera puede verte y ver que haces… A esto se le llama red descentralizada P2P, y tampoco nos sirve, pues como digo pone en peligro nuestra privacidad de forma parecida a como cuando usas Facebook. Para esto se inventaron las redes F2F, o *friend to friend*, o amigo a amigo, donde la red se monta entre un grupo de personas y opcionalmente solo para ese grupo de personas.

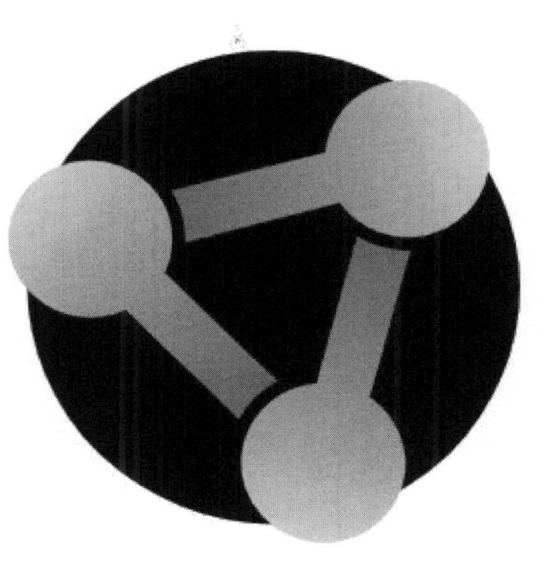

Y por último, una cosa adicional que se puede pedir es el anonimato y el cifrado, es decir que en internet, aunque tú te comuniques con tu amigo Pepe de alguna forma, sin granja, sin censura, y de forma descentralizada, pueden saber de qué hablas y con quién… y eso no mola, a esto lo llamamos cifrado, y redes anónimas Tor e I2P.

Y ¿qué hay ahora mismo en la red que sea anónimo, cifrado, descentralizado y F2F? pues pocas cosas… por la que yo aposté y a la que he dedicado mucho tiempo de mi vida, fue la red Retroshare. Esta red solo se puede censurar si alguien va a tu casa y desenchufa tu *router*, y eso no impedirá que el resto de tus amigos se sigan comunicando.

https://retroshare.cc

Para censurar una red F2F como Retroshare, habría que ir a la casa de todas las personas que forman esa comunidad y apagarles el ordenador. Además al estar todo cifrado y al ser posible usar la red Tor e I2P, la hace más resistente a ataques contra nuestra privacidad o contra la red en sí.

En esta red, y antes de explicar un poco cómo funciona, he aportado la lógica necesaria para poder tener foros descentralizados y sin *spam*. También ayudé a simplificar el proceso de creación de un usuario, el menú de login, y alguna cosa más, aparte de ser *beta tester* desde hace ya una década.

Podéis descargar la última beta desde mi web [87] o una versión muy antigua desde su web retroshare.cc, y si queréis más seguridad y tenéis conocimientos, podéis compilar el código fuente, que está en Github:

https://github.com/RetroShare

En la red Retroshare hay salas de chat, públicas y privadas, foros, una especie de Twitter, o de Reddit, canales de *software* y otras cosas, mensajería instantánea… en fin, muchas cosicas… lo malo es que, por ahora, no hay *app* para móvil, con lo que solo la podemos usar en el PC de casa, ¡ainss…! con lo cómodo que es vender nuestra vida, nuestros contactos, nuestra ubicación a la *app* de Facebook, a cambio de ver los "Me gusta" todos los días desde el WC… Por cierto, para los *geeks* que leáis esto, hace tiempo que considero Github el enemigo, y estoy intentado que alguien haga un *plugin* de GIT para Retroshare, pues Github, aparte de ser una granja, es una granja propiedad de Microsoft, y se debe al gobierno de Estados Unidos.

87https://www.felixmoreno.com/es/retroshare.html

Imagen de ErikaWittlieb en Pixabay.

Hace años que predije que esto llevaría a la censura de *software* libre, se me criticó por ello, y el tiempo… *one more time* me ha dado la razón. Se empiezan a censurar proyectos, por ejemplo, de personas que viven en Irán, o países que EE. UU. va considerando enemigos. Ojalá alguien lea esto y haga ese *plugin* de GIT descentralizado dentro de Retroshare. LO MALO DE TODO ESTO… y para acabar… es que estos sustos de "EMOSIDO CENSURADO", duran lo que tardas en olvidar leyendo las cosicas que te ofrece al día siguiente la red social de turno, y todo queda en un… "mientras no me toque a mi", o un "es que nadie usa las otras redes seguras". Y así ha sido desde hace 20 años… eso sí, en cada oportunidad que veo, recomiendo usar Retroshare, y mi tasa de conversión es cercana a 0 % es decir, nunca nadie prácticamente se pasa a la red que sería la mejor para vivir despreocupado y con la libertad que uno considere. El problema es que, en el fondo, uno quiere ser leído, y quiere llegar a la gente, y hasta que muchos no nos tomemos en serio el usar Retroshare, nadie querrá usarlo, porque la vidilla está en Facebook, o en Twitter… y el salseo es el salseo… aunque tu privacidad y tu vida estén expuestas a señores malignos. Y tú nunca sabrás qué están haciendo con la información que generas para ellos…

"La historia se va deshaciendo despacio, como un jersey viejo. Le han puesto parches y la han zurcido muchas veces, la han vuelto a tejer al gusto de diferentes personas, la han metido en una caja, debajo del fregadero de la censura para acabar cortada a trozos para hacer de trapo de la propaganda, y sin embargo, al final, siempre logra recobrar su antigua forma. La historia tiene la costumbre de cambiar a las personas que se creen que la están cambiando a ella. La historia siempre se guarda unos cuantos ases en la manga gastada. Hace mucho tiempo que anda dando vueltas" —Sir Terry Pratchett, Mort, (1987).

18. ¿UNA PÁGINA DE UN LIBRO O UNA PÁGINA WEB EN INTERNET?

Ya casi nadie lee libros de papel. Los vertederos de papel se llenan de libros que nadie quiere ya en casa y que ocupan un espacio que podría usarse en otras cosas. Esa estantería llena de revistas del National Geographic, esa enciclopedia que costó un potosí, o los libros de nuestra infancia y que nuestros hijos ya no necesitan, porque están todo el día enganchados a los móviles. En Japón, sobre todo en las grandes ciudades, donde el espacio es escaso y caro, los lectores tiran a la basura sus libros y los sustituyen por copias digitales en sus flamantes Kindles de Amazon o en sus iPads. Ya casi todos los libros son de bolsillo, *bestsellers* mediocres, ediciones baratas, tapas blandas..., una visita a cualquier librería así lo corrobora. No están pensadas para enriquecer el salón con un *Don Quijote de la Mancha* con un bonito lomo en la estantería, ni para durar, sino más bien son ediciones para ser consumidas y tiradas, como el resto de productos de nuestra sociedad. Por cierto, yo creo que ya hay más escritores que lectores de libros.

Imagen de Free-Photos en Pixabay.

El tema de hoy va de que te quedes con una idea básica, una página de un libro respecto a una página web, que es lo que la gente lee ahora... páginas web. Para ello, vamos a empezar explicando lo que hace falta para poder leer una página impresa donde haya algo que consideres interesante y que quieras consultar de vez en cuando, durante los próximos 50 años. Por ejemplo, una página cualquiera de *El mundo y sus demonios*, de Carl Sagan. Para poder tener esa página a mano, puedes disponer del libro en casa, en una biblioteca, o en internet, ya sea pagando por el libro electrónico o en una web donde esté esa página alojada. Nos vamos a centrar en una web que tenga esa página alojada y que tú la tengas en marcadores, para cuando quieras consultarla.

EL LIBRO

Para que yo pueda tener el libro en casa han intervenido muchos factores, el autor, la editorial, la imprenta, la librería... Para simplificar pues, hay cosas que tendrán en común con la web, como son el autor, o la editorial, nos vamos a quedar con LA IMPRENTA Y LA LIBRERÍA. Para poder tener el papel impreso en casa, vamos a hacer un repaso de todo lo que hemos necesitado, al estilo *¿Cuántas personas hacen falta para enroscar una bombilla?*[88] Necesitamos unos árboles, unas personas que corten esos árboles, unas herramientas para hacerlo, una maquinaria para deshacer la madera, unas empresas papeleras, unas imprentas, que necesitan unas máquinas relativamente sencillas (al menos hasta que se informatizan), donde se hacen unas placas de hierro sobre las que se pone el negativo de la página que queremos imprimir, unas tintas que requieren de industrias químicas, y para acabar unos camiones que transporten mi página impresa a la librería, con su personal, que al final me venda a mí, mi libro. Desde ese momento, podemos parar todas las imprentas, camiones, industrias químicas, podemos cerrar la librería, y que se rompa la imprenta, que en los próximos 50 años, yo tendré mi ejemplar listo para ser leído en cualquier momento y en cualquier lugar. Parece complicado ¿no? No es un proceso sencillo, tal vez es más sencilla la página web ¿o...? Existe también la posibilidad de, incluso, que yo mismo haga una copia de esa hoja con un lápiz y una hoja de papel, ambas tecnologías más sencillas que la imprenta.

88https://www.felixmoreno.com/es/noticias/
16_80_cuntas_personas_hacen_falta_para_enroscar_una_bombilla.html

Imagen de Edgar Oliver en Pixabay.

LA WEB

Pues bien, ahora veamos el mismo ejemplo, pero esta vez en formato de página web para internet. Empezamos desde el final hasta el principio, creo que será lo mejor para entender la complejidad del asunto. Primero, necesitamos un ordenador o un teléfono móvil, sería un poco como el papel del ejemplo anterior, donde cortamos árboles y los trituramos para tener el lienzo. Pues bien, nuestro lienzo es ahora la pantalla del móvil.

PASO 1

Para poder tener este lienzo necesitamos decenas de miles de ingenieros, universidades, empresas que fabriquen cada una de las piezas que componen este móvil. Estas fábricas se encuentran, a diferencia de la imprenta que hay debajo de casa, en Asia y Estados Unidos, donde unas muy, muy pocas fábricas fabrican las más de 10.000 micropiezas que forman parte del teléfono, para hacerlo hace falta maquinaria terriblemente complicada. Cada pieza de esta maquinaria se fabrica en diferentes sitios del planeta, tienes una pieza de China, otra de Japón, otra de Estados Unidos, y así una a una. Son miles de piezas las que conforman tu móvil o las de las máquinas que las fabrican. Algunas son tan complicadas, que muy pocas empresas saben hacerlas. Pero una imprenta se puede fabricar íntegramente en una comunidad pequeña, en cualquier parte del mundo, teniendo las herramientas adecuadas para el manejo del metal, tecnología de hace 500 años. Luego, los materiales para fabricar este lienzo no se encuentran fácilmente en cualquier mina cercana, ni son metales abundantes. De hecho se obtienen en sitios muy, muy concretos del planeta, como son China, El Congo, o Bolivia. Y destruimos esos países para obtener sus escasos materiales. Estos materiales se llevan a las fundiciones, donde se purifican a niveles atómicos, pues la pureza es super importante, nada de *un poco de metal fundido en un crisol*, como el de la imprenta. Para entender más la fragilidad de internet y los ordenadores, recomiendo leer mis artículos *El fin de la Memoria 1 y 2*.[89] Y mi libro *PEAK MEMORY PEAK COMPUTING*. Pues bien, ya tenemos el lienzo donde ver esa web, solo hemos necesitado medio planeta para tenerlo, ahora vamos a leerlo… ¡espera!, es que el móvil, para poder leer algo, necesita electricidad. A diferencia de el libro, que lo puedes leer por el día o con una vela, un móvil requiere de la red eléctrica, o de paneles solares, y de petróleo o gas, o presas y saltos de agua… bueno, pues ya tenemos todo esto y ya podemos ponernos a leer la web… ¿no…? ji, ji, que va, pues no nos queda… El siguiente paso en nuestra aventura tecnológica para poder leer una web, una vez tenemos un móvil y lo tenemos cargado, es la red de telefonía a la que se conecta el móvil. La red de telefonía son muchísimas torres repartidas por toda España, decenas de miles, sino cientos de miles que, continuamente nos están dando servicio, pues la idea es poder leer la web desde el móvil en cualquier sitio.

89https://www.felixmoreno.com/el-fin-de-la-memoria-1-el-futuro-de-la-informatica-PEAK-COMPUTING/

Imagen de Lubos Houska en Pixabay.

Es decir, con el libro tú puedes irte a Albacete y seguir leyendo la página, y ahora queremos lo mismo con el móvil. Para tener esta red GSM, todas y cada una de esas partes que la forman, tienen microchips, cables, ordenadores, que las interconectan, es decir volvemos al paso de antes de… universidades, empresas fundiciones… vamos, otra vez el PASO 1, por cada una de las piezas que forman esta red móvil. Ya tenemos la red móvil, y ahora lo que queremos es poder conectarnos a internet, porque una cosa es poder hacer llamadas con el móvil y poder tener acceso a internet a través de la red móvil, y otra es internet en sí mismo, que no es propiedad de Telefónica, ni de Orange... ellos solo son dueños de la infraestructura de la red móvil. Perfecto, pues vamos a por la red de internet. Internet es parecido a la red móvil: son un montón de ordenadores interconectados entre sí, como la red móvil, y a través de los cuales fluyen las letras del texto que queremos leer. Esta red es el sistema más complejo que ha hecho el ser humano, y cualquier tipo de inteligencia conocida. ¿Qué es internet? Es cada teléfono móvil, cada ordenador, cada servidor de Amazon o Microsoft, cada aparato que hay en las calles dentro de una caja de plástico, son miles de millones de cables de cobre, plástico, acero, aluminio, antenas, y satélites, todos funcionando a la vez. Todo eso es internet, y no sobra nada, cada una de esas piezas se fabrica de nuevo siguiendo el PASO 1, es decir que tenemos que repetir el PASO 1 que usamos para fabricar tu móvil, miles de millones de veces para fabricar internet y que lo puedas usar. Aquí tú puedes decir: ¡Ey! pero yo solo quiero acceder a una web, no necesito la energía y recursos que dependen de repetir miles de millones de veces el PASO 1. Y este es uno de los grandes errores, pues la red debe de estar disponible para ti desde cualquier parte del mundo, es decir, internet te debe permitir a ti acceder a esa página web desde cualquier parte del mundo hacia cualquier otra parte del mundo donde esté la web que quieres leer. No se puede apagar una parte de internet que no se esté usando en ese momento, y que solo se encienda el tramo que tú necesites para acceder desde tu casa hasta Dublín donde está esa web. La idea de internet es que podrás leer la web alojada en un servidor de Irlanda, estés en casa, en Albacete, en la Estación Espacial Internacional, en la Luna, en Japón, en un campamento saharaui, en Dublín, desde la torre Eiffel… esa es la grandeza de internet, puedes acceder desde cualquier sitio a cualquier sitio, con lo que necesitas HACER este PASO 1 miles de millones de veces para tener internet funcionando y poder acceder a esa web… y ya está, ¿no? Ji, ji, qué va, esto es solo el principio. Recordemos cómo íbamos: para tener mi página impresa en papel, teníamos que cortar árboles una vez, hacer una imprenta con metales cercanos, fundirlos, etc. Y ENCENDER LA IMPRENTA UNA VEZ PARA USARLA, imprimir la hoja y cerrarlo todo (sería una lástima, pero podemos hacerlo, no afecta que todo siga abierto e imprimiendo más copias), pues durante 50 años se puede ir el mundo al garete, que yo podré seguir leyendo mi hoja impresa. Por ahora todavía no hemos accedido a la página web para leer la hoja, y ya hemos fabricado decenas de miles de millones de piezas, una y otra vez, haciendo el PASO 1 con empresas, ingenieros, triturando la tierra... Todo para poder acceder a la web, que ya casi estamos a puntito de leer, no os preocupéis. Y nuestra petición en el móvil LLEGA AL SERVIDOR WEB DONDE ESTABA NUESTRA PÁGINA, el servidor estaba esperándonos alegremente, y nos dice: toma aquí tienes tu texto, ¡¡¡GRACIAS!!! Por primera vez, y después de decenas de miles de millones de piezas fabricadas, puedo leer el texto de Carl Sagan que buscaba.

Imagen de Bruno /Germany en Pixabay.

No solamente esto, recordemos que para fabricar estas decenas de miles de millones de piezas, hemos tenido que triturar una buena parte del planeta, y además, para poder acceder a esta web ahora mismo, hemos gastado durante un milisegundo el 5 % de toda la energía del planeta. Es decir, cada vez que accedes a una web, el 5 % de toda la energía del planeta se pone un instante a tu disposición. Recapitulemos una vez más, entonces, aparte de haber tenido que hacer el PASO 1, decenas de miles de millones de veces para construir internet, el móvil, y la red GSM, además de todo eso, mantener enchufado todo para que pueda acceder a la web, ha consumido durante un instante el 5 % de todo el petróleo, gas, energía nuclear, solar, hidroeléctrica, etc., del planeta, esto sin contar la energía que hizo falta para fabricar todas esas piezas… Por otro lado, para imprimir en una imprenta tradicional, pero motorizada, usé unos 5 kWh una sola vez, que fueron unos 0,5 €. ¿Y ya está? pues no…

Imagen de Okan Caliskan en Pixabay.

Pero antes de romperse más la cabeza, y que veas cifras de auténtica locura, vamos a centrarnos en una pieza del rompecabezas que hemos montado. Y es que hay gente que dice que ha hecho un sencillo servidor web solar donde se pueden alojar webs, han puesto unos paneles en su terraza. Es chachi, y ecológico… es decir, que uno de los ordenadores de este rompecabezas de 10.000.000 de piezas, uno solo, se dice que es ecológico porque lo han enchufado a un panel solar… Es decir, que después de haber fabricado decenas de miles de millones de piezas y haber enchufado la red usando un 5 % de toda la electricidad del mundo, te llega un crack, y de dice que su web es ecológica… porque le ha puesto un panel solar. Esa web necesita de todo lo anterior, absolutamente todo lo anterior, no puede prescindir ni de una sola pieza de todo lo que he explicado antes: ni de tu móvil, ni de la red GSM, ni de internet, ni de los satélites… es decir, para que esa web ecológica funcione, tiene que existir todo lo demás. Pero en modo fantasía, va y te dice que su web es ecológica, y mogollón de gente le da "Me gusta", así como muchos brazos místicos diciendo *"¡síííí tíoooo!", eres ecológico… todos deberían ser como tú… voy a hacer mi web ecológica en blanco y negro…* ¿Puede ser ecológico algo que forma parte de internet, para lo que necesitas un móvil, la red, todos sus aparatos y el 5 % de la energía del mundo? ¿Tú qué opinas? Pero lo peor de todo, querido lector, es que todavía no hemos acabado… ji, ji, ji… A ver, volvamos al libro, puedes leerlo siempre que quieras, lo llevas en el bolsillo y lees la página que quieres, no vas a gastar ni un recurso más, ni un kilovatio, ni un árbol más, sólo sacas el libro y lo lees. Igualmente puedes hacer lo mismo con tu móvil, lo llevas en el bolsillo, y puedes leer la hoja del libro y lo… espera… resulta que antes te dije que durante un segundo el 5 % de la energía del planeta estaba trabajando para ti… y por eso accediste a través de internet a la hoja del móvil… pero eso fue solo una vez… ahh, bueno, piensas… entonces realmente es peor el móvil que el libro porque cada vez que leo la página estoy usando el 5 % de todos los recursos del planeta para leerlo, a diferencia de cuando leo el libro, que ya no gasto nada más de luz… GRACIAS FELIX!!! ME HAS ILUMINADO!!! YA LO HE ENTENDIDO, MADRE MIAAAAAA, UFFF QUE LOCURA VIVAN LOS LIBROS… No hijo no, no he dicho eso, no he dicho que cada vez que accedas se enciende todo internet para ti y entonces gastas el 5 % de todo… resulta que a diferencia de el libro, que cada vez que lo abres solo le tiene que dar el sol para leerlo (también hay que vigilar que no se lo coman las polillas) para que tú, desde la Estación Espacial, o desde Japón, o desde donde quiera que estés, puedas acceder a esa web, el sistema debe estar encendido esperando… usando el 5 %, el 10 %, el 15 %, cada vez más y más energía cada año que pasa, para que tú puedas, de forma aleatoria, encender el móvil y poder leer esa web.

Imagen de Gerhard G. en Pixabay.

No se puede apagar y enchufar la red, siempre debe estar encendida gastando para ti cada vez más energía y recursos del planeta, puedes imaginarte un bosque de 50.000 árboles por segundo siendo cortado mientras tienes el móvil en el bolsillo esperando a que accedas a tu web, uses o no el móvil, es como los bomberos, que no cobran por apagar un incendio, cobran por estar esperando, por si acaso hay un incendio. El caso es que tú les llamas porque se te quema la cocina, y ellos estaban ahí, esperando, pagando sus facturas, pagando la luz de la estación de bomberos, el mantenimiento de los camiones, etc. ¿Oyes las motosierras cortando bosques para mantener internet encendido mientras lees tu web? Y esto nos lleva a otros problemas interesantes… estas decenas de miles de millones de piezas se van rompiendo y hay que cambiarlas y mejorarlas para que tu web esté disponible todos los días. Recordemos que el objetivo era poder leer la página que te gusta durante los próximos 50 años… entonces, los próximos 50 años debería de estar funcionando internet y el servidor donde está el texto. Teniendo en cuenta que internet se renueva cada 5 años completamente, igual que tu cambias de móvil, tenemos que, estas 10.000.000.000 de piezas habrá que renovarlas como mínimo 10 veces en los próximos 50 años, y que habrá que mantener todo enchufado esos 50 años. Se calcula que para 2030, internet ya consumirá el 15 % de la energía mundial… ya estamos haciendo el PASO 1, de camino al TRILLÓN DE VECES 1.000.000.000.000 , para fabricar entre medio trillón y un trillón de piezas, para que tú puedas seguir accediendo a tu página web… dentro de 50 años… Mientras, el costo del libro en este tiempo es de 0,5 € de electricidad y gastos de impresión, más lo que costó fabricar el papel y la imprenta. Y eso fue hace 50 años… Por desgracia, la inmensa mayoría de páginas web que se realizaron en el siglo XX ya no existen… es decir, que en 2020 el 99,9 % de todo internet, ha desaparecido: casi todas las webs de hace 20 años que añadiste a marcadores en 1998 ya no están… con lo que, sinceramente, la probabilidad de que la web donde está la página que querías ver, esté en 50 años, es casi nula, de un 0,0001 % teniendo en cuenta que a día de hoy, y habiendo pasado 20 años, el 99,9 % de las webs ya no existen. Mientras tanto, ahí estará ese aburrido libro que está ocupando espacio en tu estantería esperando a ser leído… ¡gratis! ¿Nos quedamos con los libros? ¿Te ha servido este texto para imaginar cómo de grande es la locura en la que vivimos? Este texto está ya a la venta en mi libros, en www.relatoscolapsistas.com ¡¡¡EN PAPEL!!!

Un abrazo y espero les haya gustado el libro. ***Felix.***

P.D.: ¿Y un libro electrónico? Los *ebooks*, son ordenadores, y como tales su vida útil es limitada. Probablemente, todos los *ebooks* fabricados hoy estarán rotos en 10 años, además de que muchos dependen de páginas web para descargar los libros, con lo que estamos en las mismas.

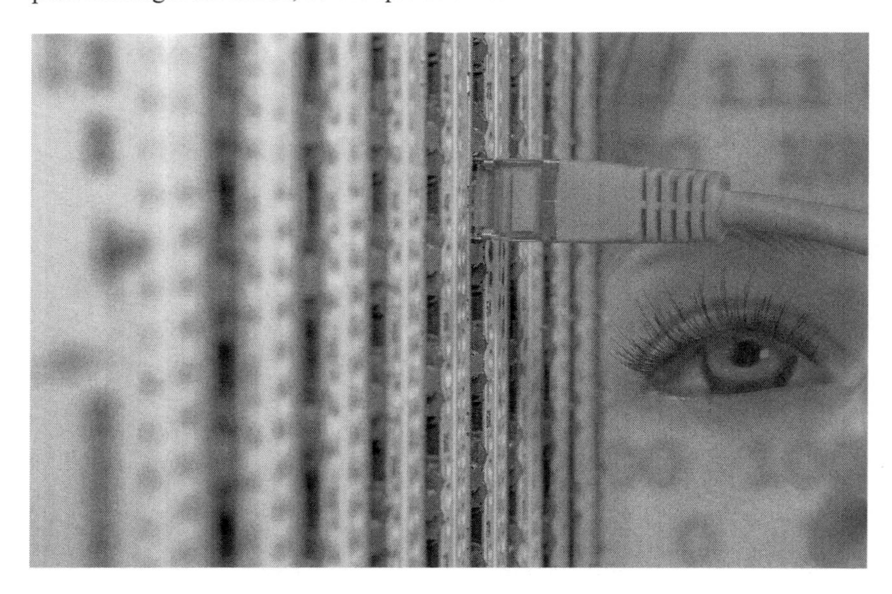

Imagen de Michael Schwarzenberger en Pixabay.

19. EL MÓVIL ESPÍA CHINO

Cuando en 2010 el gobierno chino exigió a todos los propietarios de una línea de móvil que se identificaran, en occidente en seguida saltaron las alarmas sobre la censura en China, de cómo el gobierno espiaría a todos sus ciudadanos y controlaría dónde están mediante la información que da el móvil en todo momento. Además, podrían saber quién llama a quién, e incluso podrían escuchar todas sus llamadas para tener bien agarrados a los disidentes de ese país, que vive una dictadura encubierta... El asunto se complicó más aún con los smartphones, en los que además, tenían todos -desde entonces- **aplicaciones instaladas por el gobierno** chino, que **permitían conocer la localización** mediante GPS, e incluso **intervenir** esos **móviles** y **monitorizar las redes sociales** de cada ciudadano.

Con la crisis del coronavirus, el gobierno chino e incluso el de Corea del Sur, han monitorizado con estas tecnologías a todos sus ciudadanos, y saben en todo momento dónde están y qué hacen. ¿Verdad? Por otro lado, y sorpresivamente, **en España esta semana el gobierno ha pagado 500.000 € a las operadoras, a cambio del mismo tipo de información** que tienen los chinos de todos sus ciudadanos. Ahora saben dónde hemos estado en los últimos 15 años, con quien hemos hablado, dónde vivimos (puedes pensar que ya lo saben, lo ponen en tu DNI, pero pueden saber dónde realmente pasas las noches y con quién), etc. Además, aunque mucha gente no lo sabe, **también pueden escuchar todas nuestras llamadas** desde hace décadas, usando el sistema SITEL.[90] Por otro lado, los cacharros **Amazon Echo, o Google Next están 24/7 escuchando** todo lo que decimos, transcribiendo a texto y enviándolo a servidores en Estados Unidos. Es más, **muchísimas apps inofensivas** que usamos todos los días, **hacen** exactamente **eso** en nuestro móvil. ¿Exactamente cómo ha pasado todo esto? Y lo que es más importante **¿desde cuándo y por qué** pasa lo mismo en España que en China? Pues todo empezó en 2006, realmente empezó antes, pero **hacía falta una buena excusa** para implantarlo… y se llama TERRORISMO ISLÁMICO.

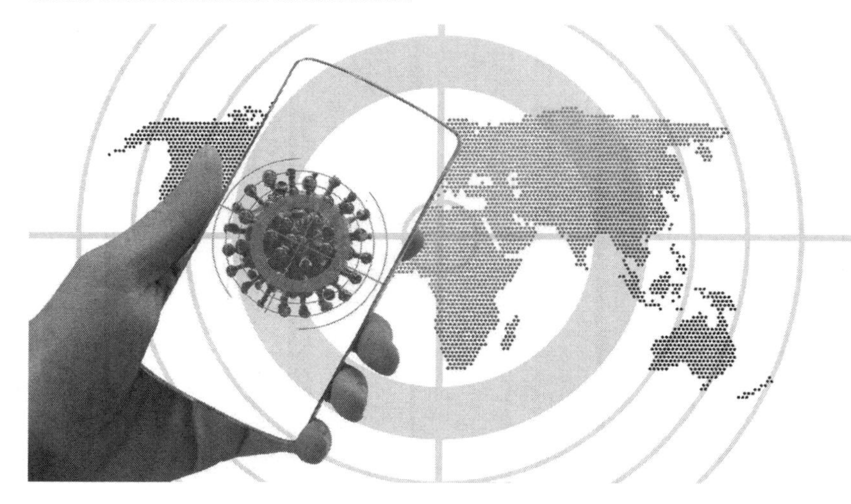

Imagen de Gerd Altmann en Pixabay.

90 https://www.20minutos.es/noticia/571259/0/escuchas/sitel/claves/

La misma excusa que sirvió para que Estados Unidos empezase una guerra -que aún no ha acabado- en los países productores de petróleo en Oriente Próximo, y que también sirvió allí como excusa para espiar a todos los estadounidenses, **se usó en España, después del atentado del 11M en Atocha. El terrorismo fue la clave del miedo para** que los políticos **vendiesen** a la opinión pública lo importante de **estas medidas**. Y fijaos que coincidió **en toda Europa** a la vez, era algo que se quería implantar **simultáneamente** en todos los países, pues como digo, coincidió con una más que conveniente oleada de terrorismo en el viejo continente. **Decía el diario El País** (2006/09/07), que escribía lo que le mandaban los de arriba, para explicarnos las virtudes de ser espiados 24/7: **Una ley obligará a identificar a los dueños de tarjetas de móvil y a guardar un año los datos**[91]**:**

FASE ZERO: JUSTIFICACIÓN

*"**La directiva se aprobó tras más de un año** de estudios y debates entre los distintos países. **Los atentados** terroristas del 7 de julio de 2005 en Londres, que causaron 56 muertos, **impulsaron el acuerdo comunitario.**"..."**España fue uno de los países más activos** para conseguir la aprobación de la directiva comunitaria **debido a la experiencia del 11-M,** donde el seguimiento de las comunicaciones de los teléfonos móviles usados en los atentados fue crucial para desentrañar lo ocurrido y detener a parte de los responsables."*

FASE UNO: IDENTIFICACIÓN

*"También **obligará a las tiendas** que venden tarjetas telefónicas **a identificar a los compradores** (ahora hay 16 millones de móviles anónimos) creando un libro de registro. La investigación sobre las comunicaciones fue una de las claves para la rápida detención de parte de los responsables del 11-M."*

91 https://elpais.com/diario/2006/09/07/espana/1157580002_850215.html

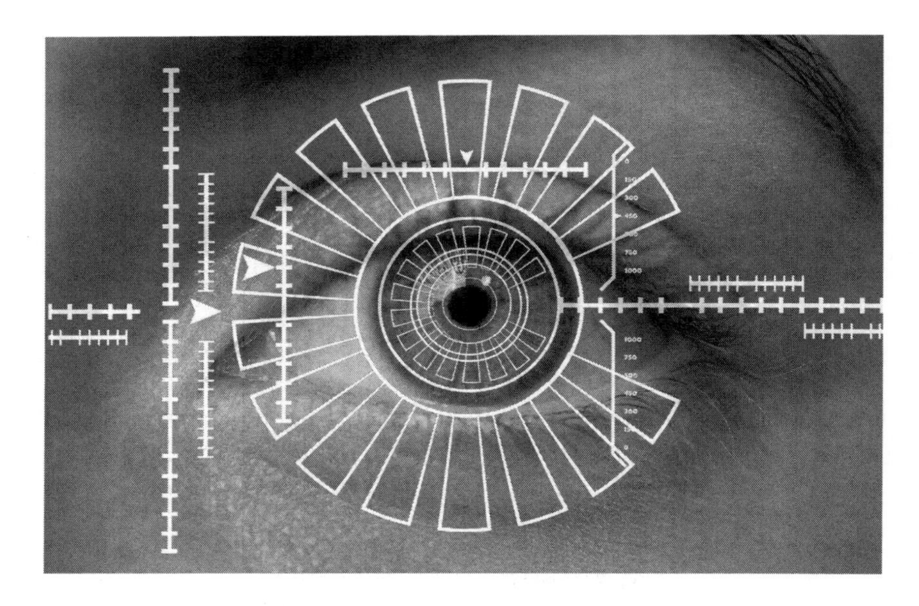

Imagen de Gerd Altmann en Pixabay.

FASE DOS: ALMACENAMIENTO DE DATOS

*"El 21 de febrero pasado el Consejo de Ministros de Interior de la Unión Europea aprobó la **Directiva sobre Retención de Datos de Tráfico Telefónicos y de Comunicaciones Electrónicas**. La normativa obligaba a los operadores a retener los datos durante un periodo de entre 6 y 24 meses **para la lucha contra el terrorismo y otros delitos graves**."..."Los datos que las compañías telefónicas deben retener corresponden a comunicaciones tanto de teléfonos móviles como de fijos. En ningún caso se podrán conservar datos relativos al contenido de las conversaciones, sino exclusivamente datos de tránsito: el número de teléfono que origina la llamada, el que la recibe, la duración de la comunicación y el punto desde el que se ha realizado."*

FASE TRES: USO INDISCRIMINADO, CONTROL DE POBLACIÓN

Y así es *amiguitos*, **cómo** de repente, en 2020, el estado español, el chino, el americano y hasta los del Angry Birds, el Mac Donalds y La liga, **tienen toda** tu agenda, un histórico de todos los sitios que has visitado, toda la gente que has conocido, dónde vives, dónde viven nuestras parejas, dónde comemos, dónde compramos, dónde cagamos y dónde paseamos, **al menos, desde 2005 (en teoría se debería borrar cada cierto tiempo, pero ¿qué impide que no se haga ese borrado? ¿no es algo que interesa a ciertas agencias? Solo de pensar que un gobierno** fascista de extrema derecha **pueda acceder a esos datos, hace que no pueda dormir algunos días.** Y ver cómo un gobierno progresista hace uso también de esa información tan felizmente... más náuseas aún. **Por eso** *amigüitos*, **os recomiendo** en mis relatos y textos **que mandéis el móvil a cagar** lo más que podáis, **y que visitéis** la sección de **ANTIESPIONAJE** de mi web. Porque a nadie le importa dónde has ido a comer hoy, o si vas a ver a una persona o a otra, o con quién compartes tu vida por las noches.

Imagen de Freepik.

20. PÁGINAS WEB "LOW TECH", Y UN INTERNET SOSTENIBLE

Llevo un tiempo escuchando que las grandes empresas están intentando hacer un internet bajo en emisiones, estamos hablando de datacenters que usan energías renovables, buscadores que plantan árboles, y particulares y ecoaldeas que sueñan con un internet con energía solar. Los datos varían según la fuente, algunas dicen que internet consume un 7% (Greenpeace) de toda la electricidad del mundo, y según un estudio de Nature eso es el 2,5% de todo el CO_2 que se produce, más que toda la aviación. Yo soy escéptico con todos estos datos pues pienso que podría ser mucho mayor este consumo si se tuviera en cuenta el COSTE CIVILIZATORIO, y desde luego si sigue creciendo lo será mucho más. Mi punto de vista, que nadie parece tener en cuenta en todos los artículos que he leído, es que ya no es solo el consumo en sí de electricidad de internet, ni tampoco la energía embebida y el consumo en recursos, materiales y minería para fabricar todas las piezas.

Para mí lo más importante es **LA COMPLEJIDAD DE LAS CIVILIZACIONES ENTERAS QUE HACEN FALTA PARA PODER FABRICAR Y MANTENER INTERNET.** Todos los días, todas las piezas, todo el mantenimiento que necesita internet, e ir actualizando y reemplazando lo obsoleto. Internet está continuamente renovándose, para mí, el símil que más se le parece es el del típico monstruo gigante de ciencia ficción que se va comiendo todo lo que pilla por delante y cada vez es más y más grande. Me recuerda un poco al "Sin cara" de el viaje de Chihiro, un ser que se alimenta de los deseos de los humanos y cuando más codicia hay, más fagocita y más grande se hace.

Imagen: El viaje de Chihiro. © Studio Ghibli.

Cada 5 años prácticamente todas las piezas que conforman internet han sido reemplazadas por otras mejores, con más capacidad, y aunque a veces menos consumo, en más número, con lo que se anula cualquier ahorro eléctrico, que no de fabricación o como digo **COSTE CIVILIZATORIO**[92]. Más o menos de la misma forma que nosotros reemplazamos nuestra piel completamente cada 25 días internet se renueva generando toneladas y toneladas de residuos electrónicos, y consumiendo los recursos y la energía que se necesita para que todo siga funcionando. Si se tuviera en cuenta el **coste de las civilizaciones** que hacen falta que existan para poder fabricar un solo chip de memoria, o un procesador o los sistemas de almacenamiento, dar de comer a todas las personas trabajando, diseñando, fabricando,

92https://www.felixmoreno.com/es/noticias/131_0_el_coste_civilizatorio.html

viviendo y muriendo, produciendo todos los días toda la tecnología necesaria, para que puedas ver fotos de gatitos o tu gobierno te espíe por las noches, sería básicamente todo el planeta trabajando para ti. Pero los ecocapitalistas, y las campañas de prensa para verdecer internet se centran en consumos en puntos concretos de la red, consumo de tu móvil, o de un servidor para vendernos un futuro verde intercomunicado. Y es que el debate se centra siempre en lo mismo, "cuanto consume tu aparato". Esto no es solo en internet, es muy habitual cuando se discute sobre energía, en seguida te empiezan a hablar de watios, y eficiencia, A+, y paneles solares y molinillos y co_2 que ahorra electricidad... y creo, y es un asunto que empecé a desarrollar en el artículo "El fin de la memoria", que no nos damos cuenta de que para que exista internet, no es una cuestión de cuantos watios gasta un datacenter, o cuánto gasta mi teléfono móvil o mi pc cuando lo conecto a la red. El asunto real de fondo es, CUÁNTO GASTA EL PLANETA PARA PODER TENER SOCIEDADES QUE FABRICAN LA TECNOLOGÍA QUE PERMITE INTERNET, CUÁNTOS RECURSOS CONSUME ESTA SOCIEDAD, MÁS LOS RECURSOS QUE HACEN FALTA TODOS LOS DÍAS PARA MANTENER TODO EL SISTEMA "UP". Solo con revisar nuestros armarios de casa, seguro que tendremos varios tipos de routers obsoletos, de ordenadores y móviles que una vez fueron parte de internet y que ya no sirven para nada porque son lentos, o la tecnología ha cambiado, como por ejemplo sucede ahora, que estamos pasando a direcciones IPv6. Muchas veces hay personas que, calculadora en mano, me explican porque sus móviles o sus portátiles son sostenibles, me dicen: solo gasta 30W, lo puedo hasta cargar con energía solar si quisiera. "Mi sistema es sostenible y podremos sobrevivir al apocalipsis con ordenadores que consumen tan poco", sin darnos cuenta de que para que ese ordenador consuma 20W hace falta energía a nivel planetario, de minas, fundiciones, y sociedades hipercomplejas (leer mi artículo "Cuántas personas hacen falta para encender una bombilla") que necesitan ingentes cantidades de energía para seguir fabricando cosas. Mucha gente sueña con reducir las emisiones de co_2 y seguir teniendo cosas ya fabricadas que consumen poco y, con la calculadora en mano, las cuentas salen. Si tengo unos paneles solares de última tecnología que me da 2000W, puedo tener 1 ordenador o 2 ordenadores portátiles de 20W conectados a internet… ¿verdad? ¿O tal vez para que yo tenga estos ordenadores hace falta remover literalmente cielo y tierra en todo el planeta usando excavadoras, camiones, carreteras, fundiciones, barcos, aviones, empresas de alta tecnología y todo internet que por sí solo ya usa el 4-7% de toda la energía? Yo con la calculadora lo veo muy sencillo, pero como siempre, no se tiene en cuenta el coste real de tener un producto de alta tecnología.

Imágenes de: Jukka Niittymaa en Pixabay, Elias Sch. en Pixabay (sala de servidores) y Ezbayme en Freepng.

Entonces ¿de qué me sirve que un datacenter use energías renovables, si para fabricar ese datacenter, y mantenerlo hace falta un flujo contínuo de energía en forma de piezas hechas en unos pocos países usando los recursos mineros de todo el planeta e ingentes cantidades de energía fósil...? Esto sin entrar en la sostenibilidad real de las energías renovables, que existen gracias a las fósiles. Ya os adelanto que de nada, es decir, la realidad es que **internet es el sistema más complejo que ha hecho el ser humano, y desde mi punto de vista el más complejo que podrá hacer en los próximos cientos de años,** y está condenado a su extinción de la misma forma o al mismo ritmo que se acaben las energías fósiles que nos permiten los niveles de extractivismo actuales. Hay una nueva moda de buscadores que se hacen llamar verdes, y que te prometen plantar árboles para ser neutros en emisión de carbono. Para mí todo esto es hipócrita, pues están haciendo un buscador que planta árboles a la vez que usa el sistema más complejo de la tierra y que está esquilmando los recursos del planeta. Luego habría que ver qué se está haciendo realmente con esos árboles, porque con lo siniestra que es la realidad a veces, igual son campamentos madereros deforestando primero y plantando después... porque estas webs no entran mucho en detalles. Otra cosa curiosa es que parte de los mayores beneficios de una de esas webs es ofrecer viajes y hoteles, cosa que no es precisamente ecológica... ¡En fin!

Y para acabar un proyecto de una web, cuyo nombre no diré, pero que dice ser “Low tech” y que indica que intenta usar energía solar y un ordenador del tipo SoC “System on Chip”, que es un ordenador que lo tiene todo en una placa del tamaño de una mano (memoria procesador y almacenamiento) y que ellos han empacado junto con placas de energía solar, inversores y baterías.

“Con un diseño web de baja tecnología se reduce el tamaño de la web”.

Hablan para empezar de diseño web de baja tecnología, es decir, tú como visitante de la página usas toda la red de internet para acceder a su servidor, que como dijimos antes, es más energía que la de todos los aviones juntos. Entras en su web con tu ordenador, y ellos han hecho un diseño web que, de repente, es de baja tecnología... el concepto baja tecnología no lo acabo de ver, exactamente qué tecnología he dejado de usar para acceder a su web, o qué tecnología han usado para cambiar el paradigma de lo que es internet? Porque yo sigo usando el mismo equipo y el mismo internet y el planeta no ha disminuido su consumo. Todo lo contrario, ha aumentado con el coste de crear este nuevo servidor, con todos sus nuevos aparatos y chips que han tenido un coste medioambiental.

Pero continuamos.

“Nuestro sistema funciona con energía solar”.

Como expliqué antes, que en un data center o una web la electricidad sea de fuentes renovables, no cambia en absoluto toda la infraestructura de internet necesaria para que tu web funcione. Con energía solar no cambia absolutamente nada. Es más por mucha energía solar que uses, la conexión a internet la tienes que tener con lo que tu aparato necesita de este monstruo energético que es la red. Mejor publicar un libro en papel. Es como si a tu coche fabricado en 2010 le pegas con cinta adhesiva un ficus al capó y dices que es ecológico. Y para que sea tu coche Low Tech, le cambias la radio y el lector de CD’s por un 8 pistas de los años 70... exactamente ¿tu coche con el ficus y con las cintas de 8 pistas en que ha cambiado la industria de la automoción?, ¿las carreteras son ahora sostenibles?, ¿se hacen con adoquines de barro cocidos al sol? ¿El ficus del capó de tu coche hace que no necesite gasolina? A lo mejor no veis el paralelismo, o incluso os parece ofensivo para el creador de esta web, pero es que es un paralelismo que explica perfectamente lo que se está planteando en ese proyecto y otros de reverdecer la red.

"Una web estática solo se usa cuando alguien la visita y solo usa almacenamiento de archivos, sin embargo una web dinámica usa procesos recurrentes".

Primero, una web estática o una dinámica sólo se ejecutan cuando alguien la visita, y ambas están usando energía mientras esperan peticiones, es cierto que una dinámica usa más cpu pero en una sola web es inapreciable, no obstante CMSs como Wordpress que son dinámicas permiten con plugins convertirlas en estáticas, con lo que da igual usar o no Wordpress, ambas serán estáticas. Pero ¿exactamente qué procesador y qué chip de memoria han quitado del miniordenador que usa el sistema ahora que la web es estática? Es decir, según ellos eso hace que la web use menos electricidad. A día de hoy el ordenador que usa ese sistema es tan rápido, HIGH TECH y consume tan poco, que una web sencilla, sea o no dinámica, no produce un consumo adicional perceptible. Recordemos que la "bestia" que usan es un procesador con transistores de 10 nanómetros y 2 GHz. Pero la pregunta que, insisto, es la importante ¿todo esto implica que le has quitado trozos o has simplificado el miniordenador SoC? no.

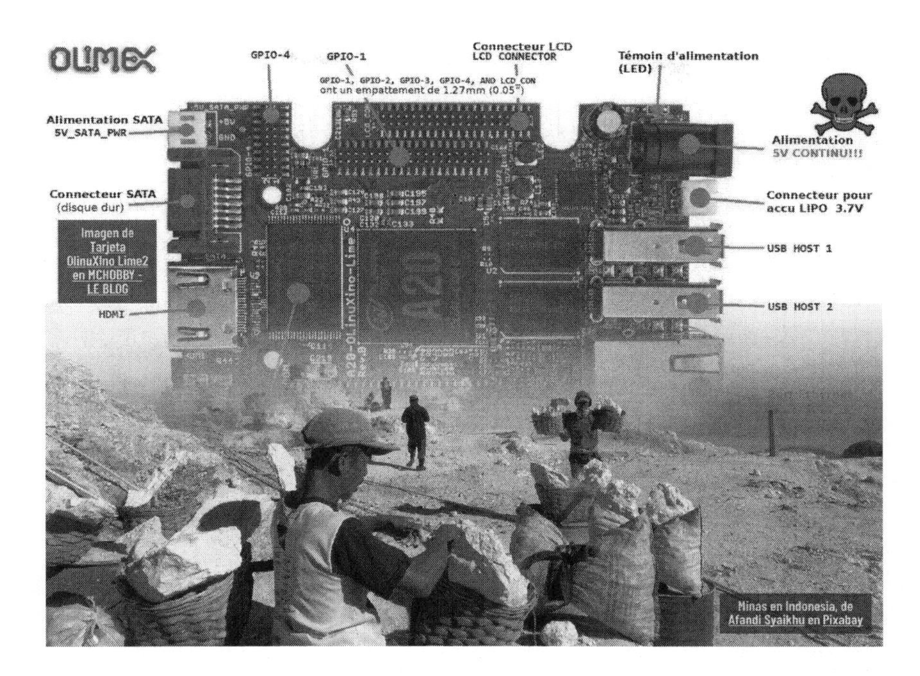

Imágenes de: Tarjeta OlinuXIno Lime2 en MCHOBBY - LE BLOG y Minas en Indonesia, de Afandi Syaikhu en Pixabay.

Voy a hablar ahora de qué es un ordenador SoC. Un ordenador SoC no es uno que te puedas hacer en casa con piezas de segunda mano como podrías hacer con una torre o un portátil. Obviamente no es algo que puedas hacer en casa con un serrucho y cola**. Un ordenador SoC es probablemente una de las cosas más complicadas que el ser humano a llegado a hacer en la historia de la humanidad junto con los teléfonos móviles que en el fondo son un SoC también**, pues combina toda la alta tecnología necesaria para hacer un procesador, un sistema de almacenamiento, chips de comunicaciones, chips de memoria, y todo en un solo CHIP. No es moco de pavo, como dirían los del pueblo. Es decir, que este sistema LOW TECH del que hablan en esta web, como mínimo es SUPER HIGH TECH, solo lo pueden fabricar 4 empresas en todo el mundo.

"Interpolamos las imágenes para que sean menos intensivas en recursos".

¿Qué recursos se han reducido? Yo creo que a lo que se refieren es que reducen el tamaño quitando calidad, porque una imagen interpolada ocupa lo mismo, solo que se descarga de forma diferente. Pero ¿la excavadora que rascó en Nigeria, Zimbabwe, Rusia, China y Bolivia para hacer el ordenador ha dejado de hacerlo gracias a este avance? ¿o se refiere tal vez a que el ordenador SoC ha dejado de consumir algún microvatio? Los microwatios que hemos ahorrado ¿compensan haber montado el servidor, los paneles solares de 100W y las baterías con toda su energía embebida en la fabricación? y el COSTE CIVILIZATORIO ¿compensa el ahorro de estos microwatios? Otra pregunta que hay que hacerse es: ¿toda esta inversión que han hecho sirve para que haya menos ordenadores en su oficina o en internet? ¿la web la programan directamente en el miniordenador? ¿o para poder hacer todo esto han tenido que usar ordenadores normales que tienen en una oficina con discos duros y pantallas, y comprar todo esto en China para montar el PC? Parece una tontería, pero el objetivo de, por ejemplo, el proyecto Collapse OS si que suponía al menos que el mismo ordenador que hace cosas pueda ser el que se usa para programarlo. Otro punto de los ordenadores SoC es su obsolescencia: cuando se rompen se tiran y se compran otros porque no se pueden reparar, está todo en el mismo pack. No ocurre como en un ordenador normal en el que que si se rompe la tarjeta de red la cambias por otra, o si se rompe un chip de memoria, idem.

Imágenes de: MsLien en Freepng y DarkWorkX en Pixabay.

Los puntos clave son:

Que algo consuma poca energía no quiere decir que su coste medioambiental sea bajo, lo mismo para el coste energético en producirlo (energía embebida), y menos aún que sea algo sencillo que pueda hacer todo el mundo, si no que suele ser todo lo contrario, A MENOR CONSUMO MÁS COMPLEJIDAD. Que una pieza de un sistema ultra complejo consuma poca energía, pero que su única existencia sea como parte de un sistema ultra complejo en expansión no simplifica el sistema ni ahorra energía, si no que el mero hecho de añadir esa pieza ya hace más complejo aún todo el sistema. Y mi añadido, el **COSTE CIVILIZATORIO** de la tecnología high tech. Sociedades enteras que apenas pueden llegar a tener 4-5 fábricas en todo el mundo para fabricar estas piezas por su altísima complejidad, digna de dioses, y las redes de distribución. Imagina una huerta en la que necesitas una herramienta que solo se fabrica en China y nadie mas sabe hacerla y si no dispones de ella no puedes cultivar, pues esto es un "low tech" solar system. Por cierto, todo este sistema con energía solar, paneles, inversores etc, y el ordenador, al final tiene un cable que irá a la puerta de su casa donde tendrá enchufado un router que está enchufado a internet y a la luz...¿no? ¿O se conecta a internet robando wifis a los vecinos? Es como si haces un coche que la radio va con energía solar con unos paneles en el techo pero usa gasolina para moverse. Solo les diría a todos los fans de la electrónica y que tienen la buena intención de hacer un mundo mejor... ¡POR FAVOR NO HAGÁIS NADA!

Para acabar quiero hablar de la NUBE. Resulta que esto de montar servidores de bajo consumo y con paneles solares o renovables no es algo de 4 frikis. Las mayores NUBES como la de Google o Amazon se están pasando a usar estos miniordenadores con sus miniprocesadores en cantidades industriales junto con parques eólicos o de paneles solares y tienen webs sobre lo verdes que son, hasta Greenpeace está encantada con esto y hace rankings. Y sin embargo Google por ejemplo ha pasado de necesitar 2 Twh en 2011 de energías sucias a necesitar 10 Twh al año en 2019, pero eh, super verde todo... ¿que es mejor? cuando fagocitan recursos a niveles que, insisto, no creo que se estén teniendo en cuenta a la hora de calcular los verdes que son. Paradoja de Jevons al rescate. La más famosa y grande del mundo es AMAZON AWS que tiene tanto dinero, genera tantos beneficios y consume tanta energía que se puede permitir hasta diseñar sus propios procesadores para servidores ARM de bajo consumo para tener millones de ellos a disposición de las empresas de todo el mundo. Como veis, el miniordenador barato, no es más que una pieza del sistema mundial y es barato por la cantidad de miniordenadores que se fabrican pero realmente es prácticamente imposible de fabricar excepto en 2 o 3 sitios del mundo.

Amazon designs more powerful data center chip.

El caso es que esto no va a reducir en absoluto el consumo energético de sus data centers. Va a hacer que tengan más servidores, que al final consumen lo mismo de electricidad, que seguirán creciendo en número y recursos, y las fábricas de estos procesadores seguirán esquilmando el planeta, e internet seguirá usando más y más energía, pues más y más gente, y más y más empresas irán subiendo todo a la nube y estas NUBES seguirán comprando y fabricando ordenadores y memorias y renovándose cada 2 años, tirando a la basura todos los servidores y discos duros que se van quedando obsoletos o rompiéndose. En 2019, tanto AWS como Google gastaban unos 10 TWh al año, el equivalente al consumo de 2-3 millones de hogares españoles. Sea como sea es, permítanme la expresión, estúpido todo el esfuerzo de estas empresas y webs para hacer una internet baja en emisiones. Es más correcto decir que reducen la factura de la luz para maximizar beneficios. Internet, en sí mismo y los dispositivos para acceder son complicados y costosos medioambiental y energéticamente hablando. Son una red de miles de millones de piezas que se van rompiendo, fabricando y reparando continuamente. Y todo esto desaparecerá cuando la energía fósil escasee, esa es mi predicción.

Fin.

¿Entonces Félix, qué alternativas hay a un internet que consuma tanta energía?

Pues no las hay, porque podría hablaros de Retroshare.cc, o del proyecto Guifi.net. Uno para que no haga falta toda la internet tal y como la conocemos- organizada con servidores centralizados -, y la otra, una red controlada por los ciudadanos. Pero ambas requieren de MUCHÍSIMA TECNOLOGÍA que no se puede fabricar sin EEUU, CHINA, JAPÓN y TAIWÁN, y sus sociedades complejas. Tocará volver a los libros impresos, compra los libros que consideres más importantes y que te puedan ser útiles en el futuro. Para acabar, puedes leer en este mismo libro “Cuántas personas hacen falta para encender una bombilla”, porque sirve muy bien para entender el concepto, "quiero vivir aislado pero con la sociedad entera a mi disposición", luego también recomiendo mi otro artículo "No hagas nada o deja de hacer"porque también viene bien al hilo de todo esto de que "yo quiero tener mi propia energía en casa, pero quiero todos los servicios que me brinda la sociedad actual..." y por supuesto mis 3 artículos de "El fin de la memoria" sobre Procesadores, Almacenamiento e Internet, todos en www.felixmoreno.com

Imágenes de: William Iven en Pixabay y Mystic Art Design en Pixabay.

21. ¿CUÁNTAS PERSONAS HACEN FALTA PARA ENROSCAR UNA BOMBILLA?

Me encuentro muchas veces en el mundillo colapsista con personas que con buena voluntad quieren vivir a lo antiguo, con su huerta, su casa hecha con paredes de paja, su chimenea que funcione con trozos de naturaleza a la brasa. Y disfrutar después de un duro día de trabajo en el campo, de una buena ducha de agua caliente, de alguna película en Netflix, o los más catastrofistas, de leer un libro por la noche con una pequeña luz que funciona con electricidad de un generador, o de un panel solar o un molinillo.

Del ordenador ya hemos hablado en "El fin de la memoria (I)", por lo que en este artículo me voy a centrar en lo sencillo:

¿Qué hace falta para que tengas una sola bombilla en tu casa encendida por la noche?

Antes de empezar decir que, cosas de la vida, he pasado momentos de mi vida en un campamento de refugiados Saharaui, y también en alguna ecoaldea como Matavenero. Este tipo de experiencias han sido muy útiles para entender a esta personita que con toda la ilusión del mundo quiere vivir en el campo con los lujos del primer mundo (sin saberlo y con buena intención), o del tercer mundo, según queramos un ordenador con pelis o luz para leer un libro por la noche. No obstante ambos lujos precisan de mucha gente, muchísima gente destruyendo todo el planeta para ti.

Centro cultural de jóvenes y cibercafé en el campo de refugiados saharauis de Dajla, a 167 Km de Tindouf (Argelia). Imagen de Western Sahara en Flickr. Imagen de Matavenero, Senderismo Sermar en Flickr.

La diferencia entre el primer mundo y el tercer mundo se va difuminando en lo que a tecnología se refiere en este ejercicio de simplificar tu vida, pues unos intentan vivir con menos y otros intentan prosperar y tener algo. Y a veces acaban luchando por lo mismo. Es curioso como en el primer mundo intentamos vivir sin conectarnos a la red eléctrica a base de poner paneles solares, o molinillos en zonas donde podríamos tener acceso a la red, mientras que en el tercer mundo, a falta de red eléctrica cercana acaban poniendo paneles solares o molinillos, obviamente con sus diferencias. Mientras que en el primer mundo tenemos paneles policristalinos "hi-tech", con todo tipo de tecnología anti sobrecargas, con leds y pantallas, y baterías de litio made by Tesla "super chachis", en el tercer mundo usan baterías gastadas de plomo, que en algún momento lejano fueron de algún viejo 4x4, con pequeños paneles que tienen más años casi que sus propios usuarios, que apenas dan unos voltios en continua y que se tienen que controlar empalmando y desempalmando cables para que la batería dure unos minutos más, tal vez un par de horas de luz por la noche en una vieja bombilla incandescente. Si eres rico, porque traficas con algo en el sahara, una led, mientras en el primer mundo le ponemos a nuestra pared llena de paneles un conversor a 220v para poder enchufar el frigorífico, el aire acondicionado inverter, la TV con tdt, etc. Alguno incluso sueña con poder enchufar su coche Tesla algún día también a los paneles, total es un enchufe más. Aún recuerdo a esas niñas saharauis que me enseñaban todo lo que poseían en esta vida. Todo, todos los objetos que estas personas tenían con 15 años se podían contar con los dedos de las manos y cabían LITERALMENTE en una pequeña caja de latón que ya contaba como una posesión más entre sus 10 posesiones, las otras, un peine, un trozo de espejo, alguna joya de dudosos materiales lujosos, una foto, o algo que parecía maquillaje para esa noche especial en la que la niña de un país tercermundista árabe sueña con ser una mujer occidental. Lo mismo con la ropa que poseen, la típica túnica, y unos pantalones vaqueros y un jersei occidental oculto tras sus túnicas para esas noches de jóvenes alejados de los pueblos, en las dunas. Pero como siempre me estoy yendo por las ramas, vamos a centrarnos en alguien que quisiera vivir como en el tercer mundo, lo más low tech posible, para poder tener luz por la noche y leer un rato o cenar con la familia antes de irse a dormir.

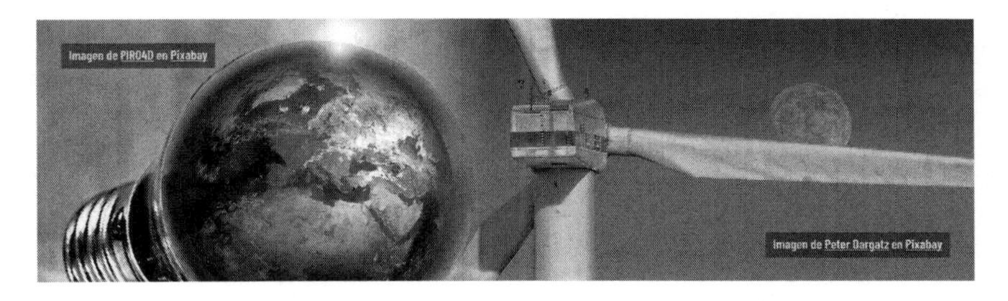

Imágenes de PIRO4D en Pixabay y Peter Dargatz en Pixabay.

Entonces ¿qué hace falta para que yo tenga mi bombilla? Pues lo primero es tener la bombilla y poder tener un sitio para enroscarla. Para un saharaui esto es claro, y enseguida empieza a pensar de dónde diablos va a sacar todo, y como usar lo menos posible y simplificarlo todo, totalmente opuesto a alguien del primer mundo que tiene que elegir cuán complicado será su sistema. Pero empecemos.... La electricidad va por tu casa con cables de cobre recubiertos de plástico para aislarlos. Ergo en algún sitio del mundo tienen que haber minas de cobre para el cableado, y pozos de petróleo para el plástico, minas de otros materiales como hierro para todo tipo de piezas, fundiciones, prensas, maquinaria, motores, moldes, empresas, gente trabajando en todas esas empresas etc.

Para tener electricidad de forma "aislada", nos hace falta algo que convierta movimiento mecánico o radiación solar en electricidad. Vamos a centrarnos en un generador o dinamo.

Para poder tener una dinamo que convierte el movimiento del aire, o una corriente de agua en electricidad, **necesitamos TODO LO ANTERIOR**, más nuevas minas (esta vez de materiales magnéticos), más fábricas, más moldes, más trabajadores, empresarios y servicios, etc. **Para que todas estas minas puedan transportar los materiales, necesitamos algún tipo de vehículo**, y para tener vehículos **necesitamos TODO LO ANTERIOR**, más minas, más prensas, universidades, ingenieros, profesores, ciencia, libros, cultura, matemáticas... **Para mover estos vehículos necesitamos energía**, minas de carbón, madera, gas natural, petróleo, centrales nucleares, y... como somos low tech y queremos decrecer por ahora no metemos renovables. Si quisiéramos meter renovables necesitaríamos tecnología hi-tech, ordenadores, procesadores, microcontroladores, inversores con microelectronica, pantallas, etc. Pero intentemos ser lo más lowtech, y quemar carbón, triturar árboles o petróleo para mover un motor de vapor o algún motor de combustión arcaico también puede valer. **Y para que esos trenes o coches se muevan por el territorio hay que hacer las carreteras o las vías del tren**, y las empresas que hicieron eso en occidente no eran empresas baladíes, ni proyectos sencillos, estamos hablando de que para vertebrar un territorio y poder acceder a sus recursos y bienes manufacturados hicieron falta las empresas más grandes de la historia de la humanidad hasta bien llegado el siglo XX. Estamos hablando de las calzadas romanas imprescindibles para que el trigo y los metales llegasen a Roma, los canales y vías marítimas por toda Europa en la edad media, las compañías de las Indias en los siglos XVI, XVII y XVIII, y posteriormente las compañías de ferrocarriles -por ejemplo las de Estados Unidos- que fueron consideradas las mayores hazañas humanas tecnológicamente hablando en el siglo XIX, y a día de hoy, complicadisimas redes de transporte por mar, tierra y aire unen cualquier parte del mundo en 24 horas. Por supuesto estamos hablando en este viaje de bombillas sencillas de las que usábamos hace 50 años, que tienen cristal, y un filamento de tungsteno envasadas al vacío, nada de LEDS, porque si queremos leds ya necesitamos microelectrónica, y continentes enteros asiáticos. Pero vamos a centrarnos en una bombilla, como digo, antigua: necesitamos más minas -esta vez de tungsteno-, más ríos y agua para poder usarla en los procesos de minería y fabricación que (antes no lo dije), contaminan acuíferos y ríos, destruyen ecosistemas, etc. Con toda la tecnología e ingeniería necesaria para envasar al vacío y fabricar bombas de aire: más plásticos, tubos, petróleo, fundiciones... Luego pues, el silicio, para hacer el cristal, más fundiciones, más empresas, más carreteras, o vías de tren, barcos para transportar por mar si las minas no están en este país, bien porque es un país pequeño o porque necesitamos materiales raros. Comercio internacional, destruir países que no quieran comerciar con nosotros con EJÉRCITOS para conseguir sus recursos como hacemos en muchas partes del mundo. Si nos centramos todo el rato en cosas lowtech, tal vez podríamos tener casi todo solo con lo que hay en la península ibérica. Pero claro, con todo esto ya podríamos tener una bombilla que se encendería cuando se moviese el molinillo, que no tiene que ser por las noches, salvo que tengamos un río cerca y hagamos una presa para poner la dinamo, cambiando el curso del río y la vida del mismo, porque el viento es variable, y en verano el río se seca.

Entonces necesitamos una batería, vamos a intentar que sea una con materiales cercanos para que no tengamos que ir a Chile a por el litio, porque si no, necesitamos grandes barcos, más ingenieros, más universidades, más profesores, más energía, más minas, y más destrucción del medio ambiente, aunque ya de por sí para hacer baterías hacen falta materiales muy contaminantes: plomo, ácidos, residuos petroquímicos y desechos que acaban en ríos. Porque si queremos ser más limpios a base de legislaciones nos harían falta más técnicos medioambientales, químicos, más ciencia, más i+d, abogados, jueces, leyes, universidades, constituciones... Y bueno, para poder hacer estas carreteras, fábricas, universidades, barcos, trenes, camiones, coches..., aparte de **gente que trabaje directamente haciendo todo esto, habrá que tener cultivos para alimentar a toda esta gente, y tendrán que tener ropa, y tiendas**, y cultivos para algodón, y "animalicos" para que coman carne y más cultivos para las verduras, y más deforestaciones, y necesitarán casas y muebles, y cemento y ladrillos, y más minas, y más energía. Porque no van a hacerte la bombilla y luego morirse sin casa ni comida, o ir desnudos por la vida. Y claro, toda esta gente querrá derechos, porque ante la incipiente industria de la bombilla, los dueños de las empresas no van a compartir los beneficios con sus obreros. Y para que esto siga así, habrá que crear la policía y las cárceles, no sea que los que no tienen nada quieran lo de los que tienen trabajo haciendo bombillas, o sobre todo, lo que tienen los dueños de las empresas. Porque los que no tienen nada vivían en el campo, subsistiendo, pero con tanta mina, sus ríos han sido contaminados y sus reservas de agua han sido privatizadas para el uso de la industria de la bombilla. Y por supuesto, para que la población siga trabajando, porque si no de que van a trabajar todos como esclavos 8 a 14 horas diarias (ahora lo hacen por tener pantallas de tv móviles y Netflix). Sindicatos, huelgas, movimientos obreros, control de población, medios de comunicación, esclavitud, más papel, periodistas, lobbies, lucha de clases, revoluciones obreras, fascismo, guerras mundiales por los recursos para hacer entre otras cosas, bombillas...

Y esto es todo -COSA MÁS, COSA MENOS- lo que hace falta para que tú tengas una bombilla de las antiguas en tu ECOCASA, otro día hablaré de lo que hace falta para que tengas un ordenador en casa o un móvil.

POSDATA:

Tu casa hecha con paja se está deshaciendo porque tienes bichos que se la están comiendo, con lo que al final decides hacerla de madera, que también tiene bichos que se la comen, por lo que al final decides usar ladrillos y cemento de la gente que estaba haciendo las casas para quienes te hacen la bombilla... pero bueno, solo has necesitado a 2 o 3 continentes llenos de humanos para que tú tengas tu bombilla y vivas aislado en tu casa a un kilómetro del poste de luz más cercano. Otra opción es usar barnices especiales anti termitas o hacerla con cemento, y te ahorras los bichos porque probaste con algo natural anti termitas pero aunque es super efectivo, se seguían comiendo tu casa. Con lo que tenemos que tener empresas petroquímicas haciéndote el producto que compras en el supermercado que está a 15 km de tu aldea, y vas en tu coche, un 4x4 porque el camino está fatal, ya que es una pista forestal…, etc, etc…

Pero bueno, yo creo que esta noche después de un dia duro de trabajo en el campo, me voy a enchufar la bombilla, que si no a las 5 en invierno es de noche, y voy a leer algo de Terry Pratchett.

Imagen de DarkWorkX en Pixabay.

22. CIUDADANO 123.432

Es un día lluvioso y son las 8 de la mañana, bajo al garaje a por mi coche, el garaje está desolado, apenas hay ya coches y los pocos que quedan están en los garajes con sus propios cargadores, a nadie se le ocurre ya dejar su vehículo en la calle como antaño, además no hay forma de cargarlos allí. Subo la rampa y en seguida estoy en una de las avenidas principales de mi ciudad. En uno de los cruces el ejército ha puesto una carpa, han cortado todas las vías y cruces, es imposible moverse por la ciudad sin pasar por ellas. Me acerco poco a poco mientras un militar me va indicando con una luz donde debo aparcar. Hay más vecinos aparcados a mi alrededor, los militares van fuertemente armados.

Hay una atmósfera enrarecida, nadie dice nada, todos obedecen, se oye alguna tos de un niño, el ruido de la lluvia es el único sonido en la carpa. Poco a poco van sacando a la gente de sus casas, los que no íbamos a trabajar son sacados piso por piso a la fuerza, algunos salen con los niños y en pijama, una niña llora. Nos dirigen a todos a una mesa donde 3 militares están tomando nuestros datos y revisando nuestra documentación. Revisan mi identificación, soy solo un número, ya no nos llaman ni por nuestros nombres, mi identificador es el 123.432, me obligan a hacer otra cola, de nuevo un niño llora.

"Ciudadano 123.432, diga en voz alta qué ha decidido", dice uno de los militares.

Yo trago saliva, por un instante se hace el silencio, mis vecinos saben que siempre he sido un rebelde, me miran esperando que pase algo, una niña dice a su madre que tiene hambre. ***!PARTIDO NACIONAL!*** digo en voz alta, mientras algunos militares hacen burla por detrás como que me apuntan con el arma en la cabeza. Los vecinos que me rodean agachan la cabeza. Entonces el militar que estaba sentado en la mesa dice en voz alta:

"CIUDADANO 123.432, VOTA".

Me devuelven el carnet, y me dejan continuar. Las noticias dijeron que fue una de las elecciones con mayor participación de la historia de mi país, los presidentes de los países vecinos llamaron al nuevo presidente para felicitarle, era la fiesta de la democracia.

"Estos resultados nos legitiman una vez más para tomar las medidas oportunas que este país necesita para superar la crisis, gracias a los ciudadanos de esta gran nación por su confianza." Dijo el presidente por televisión.

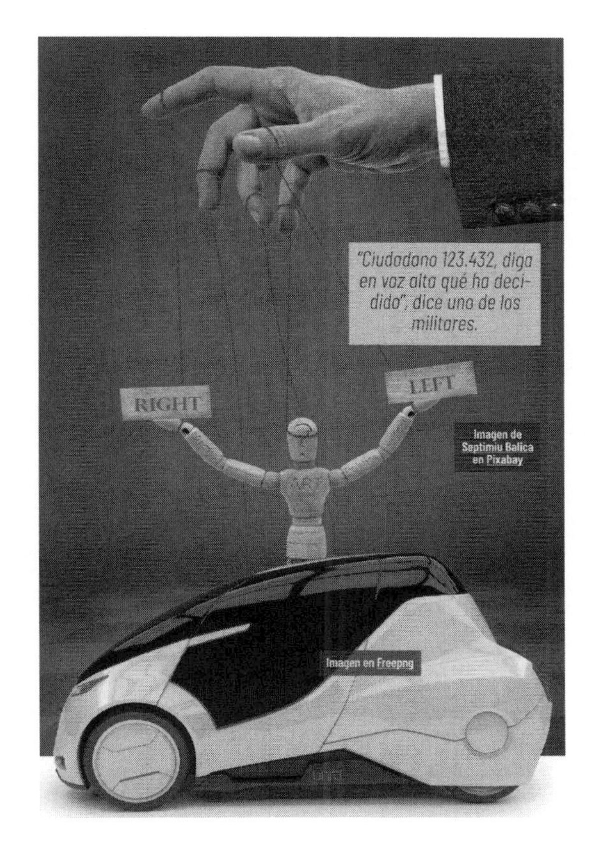

Imágenes en: Freepng y Septimiu Balica en Pixabay.

23. PUNTOS

Ranjit

Me llamo Ranjit y trabajo en la India, en una de esas empresas de teleoperadores que damos servicio a todo el mundo. Nos acaban de cambiar de departamento, en vez de hacer llamadas o revisar bases de datos, nos acaban de trasladar a un nuevo sistema. Dicen que tiene que ver con estadísticas para el comportamiento humano. Nuestro trabajo consiste en revisar unos puntos en la pantalla 24/7 que corresponden a lugares que personas visitan en otras partes del mundo, vigilando sus teléfonos móviles y redes wifi cercanas. Nos asignan un punto, perdón, persona... pero prefieren que usemos la palabra punto. Debemos seguir ese punto por la pantalla mientras se mueve entre otros puntos. Nuestro trabajo es ir marcando qué puntos interactúan más a menudo con este punto, buscar patrones. Los puntos parecen tener una base de la que parten en cada jornada de trabajo y empiezan a moverse de forma aparentemente aleatoria entre otros puntos. Lo más sencillo es ver qué puntos están por las noches juntos, pero si es un edificio hay mucho margen de error, porque hay muchos puntos juntos que corresponden a diferentes “familias de puntos”. Nuestro trabajo es ir encontrando patrones con otros puntos. Cada punto tiene una ID y después de estudiar cada punto asignado unos días, sabemos perfectamente con qué otros puntos tendrá afinidad, es decir, estos puntos acaban siempre alrededor de los mismos puntos. Nuestro trabajo es marcar qué puntos son los afines y cuales son simplemente ruido. Hay millones de puntos en la pantalla donde podemos hacer zoom. Normalmente nos asignan un punto durante una semana, no más. En muy poco tiempo marcamos los puntos afines y después de un par de días, el trabajo ya está hecho. Un punto afín es aquel que está más de 30 minutos cerca del punto principal. Al principio hay muchos, que son "falsos positivos", pero pasados unos días ya casi tenemos todos los puntos afines a este punto, apenas varía ya y siempre están en las mismas posiciones. Normalmente los fines de semana es cuando se suelen juntar estos puntos, o entre semana algunos están juntos todo el tiempo. A veces se juntan 20 - 30 de estos puntos y tenemos que informar para que alguien se encargue de revisarlos todos y crear nuevas familias de puntos para analizar. Tenemos históricos de posiciones con lo que podemos ver qué puntos han estado en contacto con qué puntos en los últimos 20 años, normalmente todo punto tiene unos 50-100 puntos afines. Muy pocas veces tenemos que revisar los puntos más de una semana. Pero a veces nos dan unos puntos concretos y quieren saber con qué puntos se han relacionado los últimos 20 años. Este trabajo lleva su tiempo y solo se hace para puntos muy especiales. Creo que alguien paga mucho dinero para monitorizar esos puntos pero esto es solo un rumor en la oficina. Otras veces nos dan una ubicación en la calle, normalmente una manifestación, otras un centro comercial, un edificio de oficinas, o uno gubernamental, -según el cliente-, y tenemos que seguir durante unas semanas a todos y cada uno de los puntos que ese día estaban allí.

Imágenes de Gerd Altmann en Pixabay 1 y Pixabay 2.

Narendra

Me llamo Narendra y trabajo en la India, en una de esas empresas de teleoperadores que damos servicio a todo el mundo. Nos acaban de cambiar de departamento, en vez de hacer llamadas o revisar bases de datos nos acaban de trasladar a un nuevo sistema. Trabajamos en un departamento que dicen que es para analizar datos de redes sociales. Nuestro trabajo consiste en revisar grupos de personas en Facebook, Whatsapp y Telegram. Yo pensaba que para estas cosas se usaba IA, pero por lo visto es mas barato la mano de obra de la India. Cuando en algún grupo se dice cierta palabra, se nos ordena que revisemos a todos y cada uno de los usuarios que están en ese grupo. Tenemos que hacer un mapa de puntos donde marcamos la localización exacta de cada usuario, usando el número de teléfono, email, wifis, bluetooth, aplicaciones espía, ips y los diferentes nombres de cada una de las redes. Con la señal del móvil, podemos localizar y asignar un punto a cada uno de estos usuarios. Y desde ese momento se convierte en un punto que se monitorea en una pantalla. Nuestro trabajo consiste en revisar, encontrar y marcar en el mapa, desde internet al mundo real. Las empresas de redes sociales, por lo visto, tienen un acuerdo con otras empresas y gobiernos y por eso podemos acceder a toda esta información. Da un poco de miedo, la verdad, pero pagan bien. Una vez hecho el trabajo, se pasa a otro departamento.

Jaidev

Me llamo Jaidev y trabajo en la India, en una de esas empresas de teleoperadores que damos servicio a todo el mundo. Nos acaban de cambiar de departamento, en vez de hacer llamadas o revisar bases de datos nos acaban de trasladar a un nuevo sistema. Mi trabajo consiste en catalogar grupos de Telegram, Whatsapp, Facebook, Twitter e Instagram por temáticas. Tengo acceso a prácticamente todos los grupos que existen en las redes sociales y debo categorizarlos por temática e ideología. Tenemos unas palabras clave, y con eso rápidamente se sabe qué tipo de grupo es. Los grupos que interesan son muy variados: desde lugares donde se habla de productos de consumo habitual, hasta cosas ilegales, ideologías políticas o religiones. Por lo visto a la empresa le pagan por categorizar muchísimos tipos de grupos, no todos, por eso nos insisten en que nos centremos en los que más beneficios podrían dar a nuestra empresa por encontrarlos y categorizarlos. El 90% de nuestros clientes son empresas de consumo, el resto gobiernos. Todos quieren saber qué opina cada uno de los habitantes del planeta, y tener localizados los grupos donde se hablan según qué cosas. Cada lista de personas que pertenecen a una temática concreta, se ordena y almacena, se revisa a qué otros grupos pertenece y con esta información se pasa al siguiente departamento.

Imágenes de MasterTux en Freepik y Freepik en Freepik.

Kiran

Me llamo Kiran y trabajo en la India, en una de esas empresas de teleoperadores que damos servicio a todo el mundo. Nos acaban de cambiar de departamento, en vez de hacer llamadas o revisar bases de datos nos acaban de trasladar a un nuevo sistema. Es un trabajo muy nuevo, consiste en revisar unos puntos. Una vez se me asigna una familia de puntos tengo que ir informando en todo momento de las diferentes posiciones de cada unos de los puntos de la “familia” al cliente que nos ha contratado. Mi trabajo es informar de qué puntos de una familia están separados para proceder al “aislamiento puntual”. En ese momento cuando un punto se encuentra lo suficientemente aislado, se envía al departamento adecuado. El punto desaparece y tengo que pasar al siguiente punto. Tengo que estar pendiente para que estas operaciones sean lo más quirúrgicas posibles y no haya puntos cerca que puedan interferir. Un trabajo solo está acabado cuando todos los puntos de una “familia” han desaparecido.

24. ¿DÓNDE ESTÁS?

Lo primero que hicieron fue venir a casa. Tiraron la puerta haciendo un gran alboroto que despertó a toda la comunidad. Inmediatamente fueron a casa de mis padres, los sacaron a la fuerza y registraron la casa. Varios furgones acordonaron la zona. Luego siguieron visitando a todos y cada uno de los habitantes del país cuyos registros confirmaban que habían estado en contacto conmigo. Después visitaron todos los sitios donde he estado en los últimos 20 años. Todas y cada una de las personas que conozco o he conocido, fueron castigadas.

La televisión habló mucho de mi caso, pero solo para recordar lo que les pasa a los disidentes, a sus familiares, hijos, amigos, y a todo aquel que les haya conocido. Cualquier intento de no ser controlado no es un asunto del individuo sino de todos los que le conocen. Cuando volví dos días después, fui encarcelado. Todo el mundo quería saber cómo había desaparecido, pero nadie se atrevía a preguntar. Nunca antes, que se recuerde, alguien había estado tanto tiempo sin que el gobierno supiera dónde estaba y qué hizo.

Era un asunto nacional, podría significar el caos si la gente supiese que era posible desaparecer sin dejar rastro. Que ellos no sepan dónde ni con quién estás, qué hablas, qué piensas..., podría significar que la gente podría hablar de lo que quisiera, se podría desmoronar todo. Pero lo curioso de todo es que nadie me preguntó dónde había estado, o cómo lo había hecho, porque si lo preguntaban podrían saber cómo hacerlo y entonces podrían ser acusados de sedición, con el riesgo de que familiares y amigos fueran castigados. Al final decidieron que, alguien que tiene la capacidad de desaparecer del control gubernamental, no podía existir, ni en la calle, ni en la cárcel. Por eso decidieron acabar con mi vida. Y nunca nadie supo cómo había estado dos días sin reportar mi posición, mis conversaciones, con quien estaba, mi estado de salud, videos de lo que estaba haciendo en todo momento, textos que leí, cosas que comí, mi estado de ánimo, relaciones interpersonales, cosas que compré, usé o cambié de sitio, qué tecleé, escribí o pensé esas 48 horas...

Como consejo... nunca se os ocurra apagar el móvil y dejarlo en casa.

Imagen de Couleur en Pixabay.

25. ¿Y SI UN CORTE DE PELO FUERA COMO UNA CANCIÓN?

Este relato lo he rescatado del olvido digital gracias a que busqué en twitter mi web y aparecieron enlaces a unos artículos que publiqué en 2011 que ya había olvidado y he podido recuperar para vosotros. Fueron difundidos en su día y comentados en las redes sociales de la época. Imagina, eres peluquero desde siempre y has trabajado duro para tener lo que tienes: tu cartera de clientes, una reputación, un estilo, etc. Qué pasaría si inventaras un nuevo corte de pelo y este tuviera los mismos derechos que tiene quien un día compone una canción. Por supuesto que los habrá que dirán que no es lo mismo, que es mucho más difícil componer y tocar una canción que inventar un corte de pelo. Pero al fin y al cabo para que un peluquero invente un buen corte de pelo hacen falta años de práctica y mucha imaginación. Pues bien, si inventaras un corte de pelo y le pusieras copyright como el que compone una canción... Nadie en el mundo podría cortar el pelo con tu corte si no te paga, es decir, cobrarías unos 15€ para que alguien cortase el pelo una sola vez con tu "corte registrado".

Si quisieran usar tu corte de pelo de forma contínua, podrías licenciarles el uso del corte de pelo por, digamos, 30 céntimos cada vez que esa peluquería usase ese corte de pelo. Por si las moscas, y como seguro que hay gente que usará tu corte de pelo sin tu permiso, por cada tijera que se venda, cada espuma, cada peine, y cada gomina para el pelo que se haga en el mundo, se cobrará una tasa de corte de pelo del 1% por derechos de compensación de pérdidas del copyright, que recaudarán empresas privadas, como la Sociedad General de Cortadores de Pelos (SGCP). Este dinero se usará para resarcir a los peluqueros asociados por los cortes de pelo pirata que pudieran hacer peluquerías, y sobre todo particulares, sin la debida licencia. Porque la piratería es un problema de toda la sociedad y se acabarían los cortes de pelo si no se protegiera a los autores. Todas las personas que tengan pelo en la cabeza deberán pagar otro canon de compensación por pérdidas debido a que hay gente que se corta el pelo en casa, y los calvos serán perseguidos y tachados de antisistema por negarse a pagar el canon de forma solidaria. Este tema está en los juzgados pues, según la Sociedad General de Cortadores de Pelos, un calvo es un potencial usuario de pelo, ya que la cabeza es donde van los cortes de pelo. Los abogados de los alopécicos podrían llegar a un acuerdo con la SGCP para que si demuestras con una prueba genética que tu alopecia no es voluntaria y que no has hecho nada en tu vida, como vivir estresado, se podría evitar el pago de la tasa. Probablemente te hayas inspirado, o directamente hayas copiado tu corte de pelo de alguien, antes de que convirtiéramos los cortes de pelo en algo protegido por derechos de autor. Ilusos, ¡que se ****! para eso tú eres un iluminado de los derechos de los inventores de cortes de pelo.

Imágenes de lauriemercado923 en Freepng y de Andrew Martin en Pixabay: Pirata - Policía.

Aceptaremos lo obvio, antes de que existiera el copyright en los cortes de pelo, nadie hacía buenos cortes de pelo, eran todo chapuzas, pero ahora, gracias al copyright, tenemos una gran cultura de cortes de pelo. Pero desde que la Sociedad General de Cortadores de Pelo existe, el arte de cortar el pelo ha llegado a lo más alto y ha llevado a que la cultura no muera ni la maten los peluqueros piratas. Cuando los peluqueros ilegales te acosen en las redes sociales porque no pueden subir más el precio de los cortes de pelo a sus clientes, tú tienes que recordarles que tú tienes que vivir de tu idea porque ahora eres ¡¡¡CREADORRRRRRRRR!!! El gobierno de tu país, sobre todo tu embajada, se encargará de recordar a otros países que tu corte de pelo es una obra intelectual (a cambio de cuantiosas donaciones para sus campañas electorales) y obligará a cambiar las leyes de todo el mundo para que tu corte de pelo sea protegido como Dios, perdón, el copyright manda, y ¡todo el mundo se convertirá en un gran recaudador de impuestos para TI, CREADOR! Incluso se harán leyes para controlar la libertad de expresión, censurar internet, cortar conexiones de internet a usuarios, poder entrar en las casas de los particulares y ROMPER TIJERAS DE FORMA

PREVENTIVA, denunciar y meter en la cárcel con cuantiosas multas, solo por trapichear con fotos de peinados fotocopiadas y manuales sobre cómo cortar el pelo. Con un poco de suerte, y por ser un gran defensor de los derechos de tu corte de pelo, puede que acabes en la directiva de la SGPE de tu país y de paso pues puedes pillarte algunas mojaditas de los derechos de los peluqueros que no reclaman. Cuatro apaños contables y te haces con un palacete en la Puerta del Sol. Por las noches, cuando la gente está durmiendo y las peluquerías cerradas, tú has conseguido que las televisiones emitan especiales con los mejores momentos de tus cortes de pelos, videos slow motion, tus tutoriales, etc., lo que te reporta unos pingües beneficios que compartes con el resto de la directiva de la SGPE. Hay cortes de pelo que han pasado a dominio público, pero tú los modificas un poco para que dejen de serlo, y de nuevo, los puedes seguir vendiendo. Esto es algo que se puede hacer muy bien desde la SGPE, porque tienes los originales de los cortes de pelo registrados hace años y las únicas copias existentes las tiene la SGPE. Parte de tu trabajo como director de la SGPE es salir por la tele diciendo que sin los DERECHOS DE LOS CREADORES DE CORTES DE PELO, DEJARÍAN DE EXISTIR LAS PELUQUERÍAS Y TODO EL MUNDO IRÍA HECHO UN ORANGUTÁN. Obligarán, antes de empezar a cortarte el pelo, a los peluqueros a PONER UN VÍDEO que dice así: "NO PAGAR EL EURO EXTRA POR LOS DERECHOS DE CORTE DE PELO ES DELITO". Dirán también que el dinero que cobran las peluquerías ilegales financian el terrorismo, el narcotráfico y la trata de blancas. Pondrán perros ladrando y fotos del FBI mientras una música tétrica suena y se oyen sirenas y disparos. El gobierno hará un ministerio para protegerte, el ministerio de CORTURA, desde el que se darán ayudas a fondo perdido a todos los peluqueros amigos de los políticos para que inviertan en I+D+i y hagan extravagantes cortes de pelo que nadie usará y que, no sé porqué, pero siempre acaban teniendo connotaciones sexuales y utilizando a menores. Pero a ti ya te dará igual porque habrás cobrado la subvención y además recibirás una paga mensual de derechos de autor. La mayoría solo con registrar el corte de pelo que hicieron en una ocasión en la peluquería de un amigo, ya pueden cobrar la subvención. Se obligará a usar un 20% de cortes de pelo inventados en España para que la cultura del corte de pelo no se pierda y no haya que cerrar la SGPE. Que no se lo lleven todo las peluquerías chinas con sus cortes de pelo orientales sin copyright. Obviamente no tendrás que cortar el pelo nunca más, da igual que inventaras el corte de pelo en 1956, desde entonces vives de las rentas que esa genial idea te reporta.

Imágenes de engin akyurt en Pixabay y de Ryan McGuire en Pixabay.

Tu familia tendrá derecho sobre tu obra durante 70 años después de tu muerte. Todavía no hemos llegado allí, pero antes era a los 20 años, posteriormente se amplió a 50, y ahora a los 70. Veremos qué pasa cuando lleguemos a 70 años, los congresistas están deseando recibir sus donaciones para ampliar el plazo de nuevo. Como el método para cortar el pelo lo has grabado en un dvd, también cobrarás por él y recibirás tu parte correspondiente del canon de dvds existente. Por cada dvd, memoria usb, disco duro, pc, o conexión a internet tendrán que pagarte a ti ¡como a todos los CREADORESSSS! Las televisiones de todo el mundo organizarán programas llamados "Operación Caspa" en los que peluqueros amateur cortarán pelo de cabezas en directo, usando las mejores técnicas de profesionales como tú, recaudando mucho dinero para todos los autores y haciendo de esas jóvenes promesas, superestrellas de la peluquería, aunque antes de empezar el programa solo cortasen el pelo a su gato. Estas superestrellas serán los encargados de recordar en televisión y en todas las peluquerías y galas benéficas del mundo donde corten lo importante que es ser CREADORRRR, defendiendo a las sociedades de autores, lobbys de tintes, fabricantes de peines, etc. La piratería sería un problema y la gente haría webs y vídeos piratas donde explicar nuestros mejores trucos de forma gratuita. El gobierno ya ha cambiado las leyes varias veces para poder censurar esas webs, pero nada parece funcionar. Un partido de "centro-izquierdas", en un alarde de simpatía por los derechos de autor, ha sacado un decreto para poder saltarse a los jueces y cerrar, no las webs, si no internet y las peluquerías en cualquier parte del país, a voluntad del presidente, pulsando un botón rojo. Es el fin de pelosyonkis.com y peluquerosexvagos.com

Imágenes de analogicus en Pixabay y de Hebi B. en Pixabay.

26. ENTREVISTA CON UN NIÑO «ELEGIDO» DE PRIMARIA

Hola, buenos días. Somos del semanal REVISTA COLAPSO. ¿Sabías que te íbamos a entrevistar hoy?

Hola, sí, me avisaron en el colegio.

¿Sabes por qué te han elegido a ti?

Sí, dicen que se me da bien todo, y que tengo posibilidades de poder ir a la universidad. Soy el ELEGIDO de mi cole.

Cuéntanos un poco más de eso: ¿cuántos como tú hay en el cole?

Bueno, como yo de todo el colegio, que somos unos 400, solo yo, pero hacen reuniones con los elegidos una vez al mes, donde nos preparan un poco. En toda la ciudad somos 3.

Y el resto ¿no irá a la universidad?

No, los demás se irán a las granjas, como todos, cuando cumplan los 14 irán a cultivar.

¿Os enseñan a cultivar?

Sí. En esta ciudad sobre todo nos enseñan agricultura y gestión de regadíos. Sobre todo cultivamos zanahorias, dicen que hacemos las mejores zanahorias del país. Cuando un niño se porta mal en clase le decimos: como te portes mal acabarás en el campo de zanahorias... Pero ahora, como todos sabemos que vamos a acabar allí, no nos da miedo, de hecho muchos quieren irse ya, con sus hermanos mayores o algún familiar.

Y ¿cómo es la vida siendo un elegido?

Bueno, siempre hay a quien le gustaría ser como nosotros, y nos trata mal, pero enseguida se hace una reunión marcial donde al *"abusica"* se le hace una purga hasta que llora y confiesa. Lo malo es que nadie quiere ser nuestro amigo por miedo a ser purgado, por eso al final tus amigos son los otros niños elegidos.

Me imagino. Pero ¿cómo es tu día a día?

Bueno, pues me levanto por la mañana, no hay nadie en casa, cojo la libreta y la mochila del portátil...

¿Portátil? ¿Tenéis un portátil?

Sí, bueno, a los elegidos nos deja el ayuntamiento un ordenador, dicen que es para que vayamos aprendiendo a usar uno, que luego en la universidad se enseña a usarlo más. En el colegio tenemos 5 ordenadores, aparte de mi portátil.

Y ¿no te da miedo que te lo roben?

Dicen que antes si se robaban, porque había cosas que hacer con ellos, pero ahora solo sirve para trabajar en el Estado. Además como se enteren de quién ha sido, ya sabéis lo que le pasa. Para mí es una responsabilidad y me da miedo que se rompa.

Bueno, sigue contándonos cómo es un día normal para ti.

Pues eso, voy a clase desde casa. En invierno hace mucho frío, se me hacen heridas en las orejas. Está todo congelado y el colegio está muy lejos de casa. En verano es peor, además son tantos meses... menos mal que paramos de Junio a Septiembre. A veces me intentan robar, me registran los bolsillos y me amenazan con cosas que pinchan. Pero desde que se hacen purgas, la gente tiene miedo de ser acusada por robar y me pasa menos. Aunque hay niños que todavía me roban un lápiz, o una madalena o algo.

Luego al llegar al colegio nos dan la madalena para desayunar, y un vaso de agua. Hay días que te ponen algún regalo, como una piruleta o un caramelo, y una vez al año te dan una bolsa con varias cosas, el día de la Hispanidad.

Hay que tener mucho cuidado, porque eso sí que si lo dejas en la mesa en un cambio de clase y no miras, te lo quitan.

Nos enseñan un poco de todo: a leer, escribir, algo de matemáticas, y mucha agricultura. Quieren que aprendamos bien, porque podemos estar en cualquier puesto en la granja y hay que estar preparados.

Luego al medio día cojo la mochila y…

¿No pesa mucho esa mochila? ¡Es muy grande!

Sí, bueno, aquí llevo todo. Aparte de, como te dije, el portátil, también llevo una muda de ropa por si tengo que ir a dormir a algún sitio. A veces hace tanto frío que nos dejan dormir en el gimnasio. El colegio no tiene calefacción, pero las paredes son gruesas, no como en la mayoría de casas, y si nieva o algo nos dejan dormir a quien queramos aquí. Hay colchonetas ¡¡y mantas!! Además los profes se quedan y es divertido. Dicen que es mejor quedarse que volver a casa. Muchos niños no vuelven después del invierno.

Sigue, por favor.

Y... nada, luego voy al comedero.

¿Comedero?

Sí, je, je, a *La casa de la Comida*. La llamamos comedero los del cole. Bueno, antes paso por la parroquia, que siempre hay cola a la hora de comer, por si alguien me da algo. Tengo amigos, ¿sabe? A veces está Lola, la que antes trabajaba en la radio, y me da unas galletas o algo. Cada día hay más gente allí, y más enfermos.

Y de allí me voy a *La casa de la Comida*. Allí no se puede hacer cola: tienen unas listas y si no estás, no te dan nada. Yo como soy un elegido, me dan de comer, y en cuanto llego enseguida me buscan en la lista y me dejan pasar. Sobre todo hay gente adulta, no hay niños; son personas que el ayuntamiento ha decidido que tienen como yo, derecho a comer todos los días por interés nacional. Y, nada... pues me dan un plato de macarrones y una zanahoria.

Luego vuelvo a casa y recojo un poco antes de que venga mi familia del campo. A veces, si mi madre ha dejado algo de comer, hago la cena, y ya tarde vuelven todos y hablamos un poco de cómo nos ha ido el dia.

Y ¿no usas el portátil para hacer los deberes?

No, no tenemos luz en casa.

Y ¿qué opina tu familia de que seas un elegido?

A mi madre le parece bien. Mi padre piensa que estaría mejor con ellos en el campo, no se fía de las universidades ni del gobierno.

Y ¿tú qué opinas?

No sé. Me gusta porque tengo a los otros amigos elegidos, pero es un poco solitario. Nadie más quiere ser mi amigo.

Y ¿no tienes ganas de ir a la universidad?

No, ¿para qué? ¿Qué voy a hacer allí? Dicen que antes podías hacer cualquier cosa si ibas a la universidad, pero ahora yo no quiero trabajar para el gobierno. Es la única salida: eso o zanahorias.

Pues nada, muchas gracias, también a tu profesor. Ya os dejaremos un ejemplar de la revista en la biblioteca.

Imágenes de: Sasin Tipchai en Pixabay y Andreas Göllner en Pixabay.

27. LOS COCHES DE HIDRÓGENO SON SEGUROS Y NO EXPLOTAN

Una de las cosas que nos dicen una y otra vez, es lo seguros que serán los vehículos de hidrógeno con sus depósitos a prueba de balas, ácidos y fuego. La verdad, es curioso ver como en todo artículo "patrocinado" en los periódicos y otros mass media se insiste tanto en esto. Ni con los eléctricos se han preocupado tanto en dejar claro este tema, y eso que hay muchísimos casos de combustión espontánea de eléctricos. Hay un refrán que dice: **Dime de qué presumes...**

En mi breve experiencia con el urbanismo local he visto relucientes nuevas rotondas en las que se han puesto farolas en el mismo borde de la rotonda, también he visto rotondas que separan la rotonda de la carretera con muros de casi medio metro a ras. En ambos casos dije: *"Un coche se lo va a comer... no será hoy, no será mañana... pero se lo comerá"*, y así informé a quien competía. De la rotonda con farolas ya quedan la mitad, de la otra, de vez en cuando veo trozos de cristal en el suelo... espero no hayan sido accidentes muy graves.

Esta reflexión va a ser breve: cuando vayas por la autovía, fíjate en los arcenes, a veces verás manchas en el suelo en los laterales de la autovía o carretera, que corresponden a coches que ardieron, deshaciendo el asfalto, después de un accidente.

Yo, que ya llevo 800.000 km conducidos, he visto varias veces coches "on fire" en autovías y carreteras. Ya hay muchos vídeos de coches de gasolina ardiendo, y de coches eléctricos con baterías de litio combustionado de forma espontánea. Me pregunto qué pasará con los de hidrógeno, ¿cómo será la explosión? **Por ahora, es importante también decir que no he encontrado ningún vídeo o noticia de coches de hidrógeno combustionando.** No pretendo meter miedo, no es la idea, pero por favor, el mensaje de que *"hemos tomado las medidas para que el depósito sea seguro"* ya lo he oído antes en coches de combustión y eléctricos. Normalmente ni los coches de combustión ni los eléctricos explotan, de hecho cuando las cosas se ponen feas, arden, no obstante **sí que hay muchísimos casos de coches de gasolina que explotan**, la foto de la portada es uno de ellos, y por lo visto también hay casos de coches de gas con explosión. **Los eléctricos son más de estar** horas **ardiendo** y cuando los apagas, se vuelven a encender, de hecho hay cursos específicos para bomberos que tratan este nuevo tipo de incendio. Y es cierto que se toman medidas para que estas cosas no pasen, muchísimas, dado lo serio del asunto... y sin embargo, pasan. **Veremos qué pasa cuando haya varios miles de estos coches circulando.** Para no ser tan parcial, os voy a mostrar un vídeo promocional, antiguo pero curioso, de 2001, explicando lo seguros que serán los coches de hidrógeno en caso de incendio... el caso es que esto sigue siendo la razón principal por la que **dicen que no hay que preocuparse**: el gas saldrá ardiendo muy rápido del coche y no se quedará como la gasolina, ahí, esperando a arder o explotar. 18 años después los fabricantes dicen lo mismo.

Hydrogen vs. Gasoline Leak and Ignition Test- which is safer? Vía YouTube.

Por otro lado, y para ser justos, aquí tenemos una **hidrogenera ardiendo** en Noruega en 2019:

Hydrogen Fueling Station Explosion Halts Fuel Cell Car Sales by Toyota,

Hyundai, en Interesting Engineering.

Obstáculos de hidrógeno: una explosión mortal obstaculiza la gran apuesta de Corea del Sur por el uso de celdas de combustible. Reuters.

También en Corea del Sur explotó otra hidrolinera en Mayo de 2019, matando a 2 personas e hiriendo a varias más, lo que ha movilizado a grupos de ciudadanos coreanos, que han salido a la calle a protestar por la instalación de hidrolineras cerca de sus casas. Esto ha pasado en pleno boom de instalaciones de hidrolineras por todo el país y ha puesto en jaque a fabricantes e inversores porque **la opinión pública se ha replanteado si es seguro tener una hidrolinera cerca de casa.**

En Junio de 2019 explotó una planta generadora de hidrógeno en Santa Clara, California, y dejó a San Francisco sin combustible durante meses. En Septiembre todavía no habían repuesto el servicio, convirtiendo los coches de hidrógeno de decenas o cientos de kilómetros a la redonda, en sujetapapeles gigantes y muy caros. En 2010 en Nueva York, otra estación explotó. Realmente estos datos, así sueltos, no significan nada, habría que ver cuántas estaciones de hidrógeno hay en el mundo respecto a las que han tenido accidentes y compararlas, por ejemplo, con estaciones de gasolina. Sin conocer estos datos, pero teniendo en cuenta que hay muy pocas hidrolineras y han explotado o ardido 2 o 3 en 2019, creo que igual **es para plantearse la cosa con seriedad**. Por otro lado... desde luego que esto es muy mala prensa, y en Corea del Sur la opinión pública se está planteando hasta qué punto es seguro tener una hidrolinera cerca. Y es que la reflexión es sencilla: **cuanto más complicado sea mantener estable un vector energético a temperatura ambiente, más probable es que algo salga mal.** La gasolina solo requiere estar lejos de cosas que ardan, y sin embargo, sí hay mensajes de no fumar en una gasolinera, será porque alguien hizo caso omiso. Los coches eléctricos deben mantener estables y controladas las celdas de litio, que son muy inflamables, y a los hechos me remito: es habitual ver móviles, patinetes y coches eléctricos ardiendo. La pila de hidrógeno, que consiste en tener algo muy inflamable a presiones elevadas... pues... el tiempo dirá, tampoco es que estén todo el día explotando bombonas de butano, pero una pila de hidrógeno es mucho más compleja que una bombona y tampoco vamos por ahí tirando las bombonas contra cosas a 130 kilómetros por hora. Además, como dije antes, si que hay casos de explosiones en coches de gas, que son combustibles totalmente diferentes, pero tienen en común el estado gaseoso ardiendo y un contenedor a presión. **Porque los coches de gasolina son seguros y no explotan. Tiempo al tiempo. De verdad que no quiero que pase, pero cuando pase, veremos.**

BONUS: Coches eléctricos ardiendo, y ni siquiera en accidentes, sino de forma espontánea:

Tesla to investigate apparent Model S explosion in China. CNBC Television vía YouTube.

Tesla Model S Spontaneously on Fire in Los Angeles. The Grand Tour Fans vía YouTube.

Tesla Model X Fire (Lake Forest, California). Real World Police vía YouTube.

28. NI COCHES NI COCHAS ELÉCTRICOS-HIDRÓGENO (I) GASOLINERAS VS ELECTROLINERAS E HIDROGENERAS

Como diría una madre o un padre cuando te dice que no a algo, voy a iniciar una serie de textos hablando del coche eléctrico que he venido a llamar "NI coches NI cochas eléctricos - hidrógeno." Harto una vez más de discutir en foros sobre la viabilidad del coche eléctrico, cansado de que me digan que yo solo deseo que la humanidad vuelva a la edad de piedra, y cansados ellos de tener a una mosca cojonera que no les dé la razón como un zombi y que además escriba con faltas, y sea condescendiente... es lo que tiene poner en tu currículum que eres troll. Pues nada, voy a empezar a desgranar cada uno de los asuntos que hacen al coche eléctrico inviable para su adopción en masa.

Las electrolineras - hidrogeneras.

Uno de los argumentos típicos cuando empiezan los amigos de los coches eléctricos a dar la brasa comparando un coche eléctrico con uno convencional, es que el coste de desplegar electrolineras o hidrogeneras es parecido al que en su día se hizo con las gasolineras. Sin embargo **el gasto energético y materiales** varios para poder tener electrolineras como si fueran gasolineras no es baladí, sino que **supone un reto muy complicado** respecto al de una gasolinera convencional.

Estación de carga eléctrica. Imagen de Avda vía Wikimedia Commons.

Si hablásemos de hidrogeneras, sería un esfuerzo diferente pero complicado, pues no es lo mismo tener un líquido a temperatura ambiente en un depósito bajo tierra, como sería la gasolina, que tener un depósito de **hidrógeno a mucha presión** y que requiere de surtidores especiales que sellen y que no tengan fugas, todo en un entorno super controlado para que no ocurra una desgracia, como que te salga un poco combustible al repostar. **No tengo ni idea de qué pasaría** con una fuga en contacto con un humano, con la gasolina no es problema: un par de gotas fuera, se limpian con una toallita y arreglado. Por cierto, **ya hay varios casos de hidrolineras**

ardiendo en Noruega, Corea del Sur y Estados Unidos en 2019. Leer mi artículo *Los coches de hidrógeno son seguros y no explotan.*

Y para hablar de gasolineras-hidrolineras voy a ponerme en plan tío Matt de los Fraggle Rock. Una de las cosas con las que más he disfrutado en esta vida ha sido conducir por todo el planeta. Para mi un "road trip" es una forma muy interesante de viajar, pues puedes ir a prácticamente cualquier sitio, puedes conocer a gente de todo tipo y el hecho de conducir, pienso yo, es algo muy parecido a cuando viajábamos en caballo, tú dirigiendo "la máquina" y tu destino. Por otro lado conozco las limitaciones de los coches, sé lo contaminantes que son, y sé que en el futuro será un lujo hasta dejar de existir. Pero quería dejar claro que no odio los coches, ni siquiera los eléctricos, simplemente **es un lujo que nos hemos podido permitir** muchos humanos **gracias a la energía a chorrón que hemos tenido** este siglo y medio, gracias al petróleo.

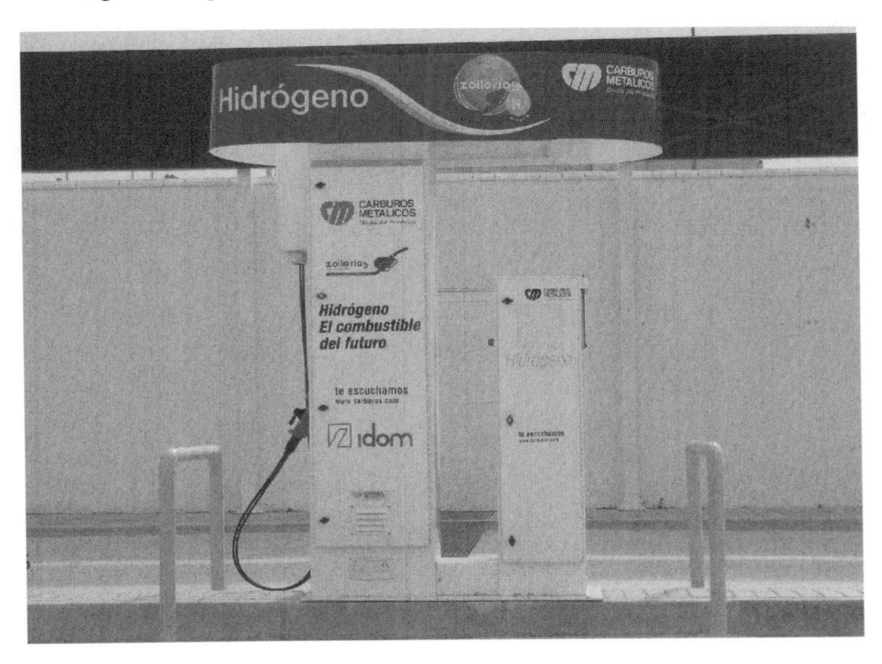

Estación de hidrógeno. Imagen de Ajzh2074 vía Wikimedia Commons.

Pues volviendo a mis viajes con coches, caravanas y motos por el planeta he de decir que he ido a sitios muy, muy aislados del planeta. Por ejemplo, he conducido un **todo terreno** por el desierto del **Sahara** -un Land Rover Santana con más años que yo- que la gente de los campamentos de refugiados del Sahara **usa y repara** una y otra vez, desde hace 40 años, para moverse por el desierto. **Una gasolinera allí, es un señor con un bidón y un tubo de plástico**, que previamente ha traído de alguna ciudad a cientos de kilómetros, en la parte de atrás de su todoterreno. También he cruzado el desierto de **Tanami**, en Australia, donde las **gasolineras** están separadas **1.000 kilómetros**, y donde tuve que llevar unos cuantos bidones de gasolina en la parte de atrás del todo terreno. No obstante, había gasolineras, en este caso eran unos curiosos contenedores-gasolineras que dejaba **un tráiler** todas las semanas **en los campamentos de nativos** australianos y que contenía todo, surtidor, depósito, ... en un solo contenedor y que, como digo, se reemplaza una vez a la semana o así.

Por otro lado, y de forma parecida, en las **Islas Cook** llenaba el depósito de mi *motillo* alquilada, **un contenedor - gasolinera hacía el apaño**. Un contenedor que se traía en barco todas las semanas, de la misma forma que traían el gasoil para el generador diesel que producía en lo alto de una montaña toda la electricidad para la isla de Rarotonga. Y claro, dirás, Félix para qué me cuentas tus viajes por ahí, eso no tiene nada que ver con

España y estás hablando de casos extremos. Pues bien, lo que hay que sintetizar de esos ejemplos es que **una gasolinera solo necesita de un bidón y alguien** que transporte ese bidón a un lugar llamado gasolinera. Sin embargo, **una electrolinera** requiere de tendidos eléctricos suficientemente potentes para tener decenas o cientos de puestos de recarga (luego explicaré porqué), sitios donde se genere la electricidad relativamente cerca, etc. Y para **una estación de hidrógeno**, más de lo mismo, no me imagino una en los sitios que comenté antes, debido a su **complejidad intrínseca y la seguridad necesaria**. Ahora volvamos al "mundo real", países del primer mundo, España por ejemplo. Vamos a cualquier pueblo de menos de 5.000 habitantes. Primero decir que en España hay unas 11.000 gasolineras, y que tenemos unos 8.100 pueblos, con lo que podríamos pensar que hay una gasolinera al menos por cada uno de esos 8.100 pueblos… pues no.

Veamos esta interesante gráfica de El País:

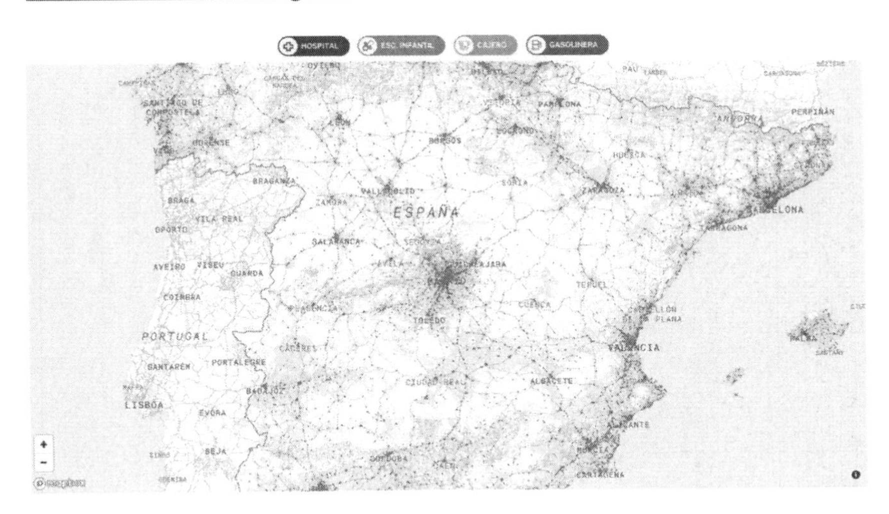

Así rápidamente, ya se ve que las 11.000 gasolineras están concentradas en unos sitios muy concretos: las grandes ciudades. Pero vamos a buscar una zona concreta para explicar mejor el asunto. Hagamos zoom, por ejemplo, en la frontera de Valencia con Alicante:

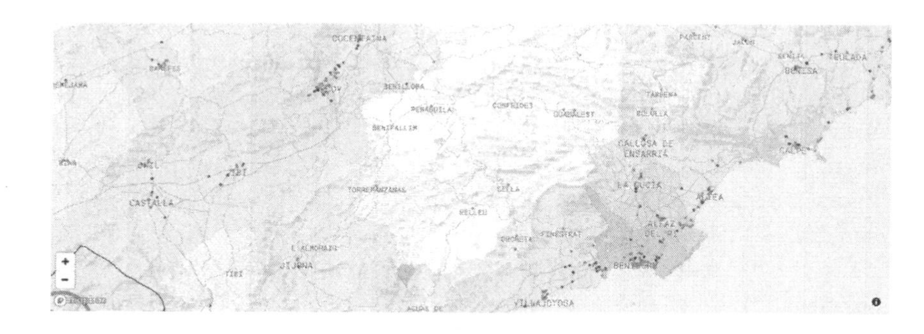

¿No veis que **hay un vacío de puntitos en el interior de la provincia**? **¿Es que nadie vive allí?** Hagamos un zoom de nuevo:

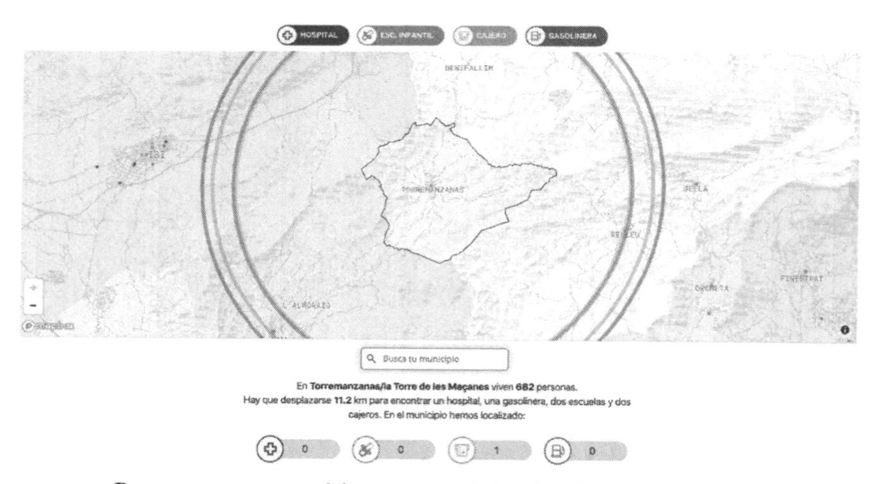

Pues **parece que sí** hay gente viviendo allí, hay muchos pueblos, **pero… ¿no hay gasolineras?** Pues salvo algún error en algún pueblo concreto, a mi me consta que la única estación de servicio de un pueblo de esa zona está en Benilloba, el resto de habitantes tiene que hacer **decenas de kilómetros** hasta ciudades **para repostar** cada vez que quieren coger el coche, y asegurarse de no quedarse sin gasolina para salir del pueblo hacia la gasolinera mas cercana. Entonces, pensando en un futuro donde sustituyéramos gasolineras por **electrolineras - hidrogeneras**, básicamente las pondríamos donde hay **grandes núcleos de población** y buenos tendidos eléctricos con todo tipo de servicios: trenes, metro, autobuses, etc. En estas zonas, que serían las que más fácilmente podrían empezar una transición a la movilidad compartida, es donde están poniendo electrolineras, justo en esas zonas, para los urbanitas eléctricos. Y sin embargo, **donde pueden ser más útiles**, que es en la España rural (donde no hay posibilidad de trenes, ni metros), **no habrá**, porque son pequeñas poblaciones "aisladas". Y si no ha interesado poner gasolineras, probablemente no interese poner electrolineras ni ampliar tendidos. Recordemos que poner una gasolinera es llevar un bidón con gasolina cada cierto tiempo a un lugar concreto, **y aun así, hay miles de pueblos que no tienen gasolinera, ¿por qué íbamos a poner una electrolinera o una hidrogenera allí?** Y la reflexión básica es: "bueno, pero en esos pueblos sí que hay electricidad, poner una electrolinera es incluso más fácil que poner una gasolinera, solo hay que poner un cable desde la red eléctrica a la electrolinera". Aquí es donde viene el segundo problema con las electrolineras, que es el concepto en sí de una electrolinera.

Imagen de FelixMittermeier en Pixabay.

El sentido o el objetivo de **una electrolinera** es el de cargar un vehículo eléctrico lo antes posible para poder seguir circulando, la otra opción de un propietario de coche eléctrico es cargar su coche en casa durante horas, toda la noche o más, normalmente con una **conexión potente** en casa, pero nada comparado con la necesaria para cargar un coche en minutos o una hora. Por otro lado **una hidrolinera** requiere para poder hacer los repostajes una **complicada instalación** con compresores, contenedores de alta presión, etc., que han hecho que haya habido **incendios y alguna**

víctima en este tipo de estaciones. Leer más en este otro artículo mío: *Los coches de hidrógeno son seguros y no explotan.* No voy a entrar en detalles técnicos, ni me veo capacitado, hay artículos de expertos que calculan cuánta potencia hace falta, para eso ya hay como éste de Antonio Turiel, que recomiendo leer, y vídeos de Pedro Prieto. Pero básicamente lo que vienen a decir es que, si tú quieres electrolineras, **prepárate a pagar, y mucho**, por ampliar tendidos eléctricos, gastar ingentes cantidades de materiales, energía y dinero para llevar al límite la producción de electricidad de España. Todo esto para que en las ciudades todos puedan tener coches eléctricos ¿se podría hacer? A mala baba si, ¿quien lo pagaría? Pues como no lo paguemos todos los españoles… porque los propietarios de coches eléctricos no tendrían dinero suficiente ni con predicciones muy, muy optimistas de ventas, pero volvamos al pueblo. Es muy importante, y veis que este artículo gira una y otra vez sobre la España rural, porque es la que realmente podría necesitar coches en el futuro, si se gestiona bien el transporte público en las grandes ciudades. Por ahora como vas leyendo, estamos hablando de ampliar tendidos eléctricos, etc. **¿Qué pasa en la España rural**, que es la mayor parte de la superficie de España? Pues como dije antes, muchos pueblos no tienen gasolineras, ni tienen cajeros, ni tienen colegios, ni hospitales, ni centros médicos, y el internet en 2020 tiene unas velocidades de kilobytes por segundo.

¿Realmente en algún momento se redimensionaría la red eléctrica para estos pueblos, no ya para que tengan electrolineras, si no para que tengan electricidad suficiente para que puedan tener coches eléctricos enchufados por las noches? ¿Vamos a poner costosas hidrogeneras donde ahora no hay ni gasolineras?

Si con toda la energía del mundo gracias al petróleo, pasa un autobús a la semana y todavía usan RDSI para conectarse a internet, ¿vamos a recablear montañas enteras con nuevos postes? ¿y qué pasará en los países de los que hablaba al principio? En islas, desiertos, **países menos desarrollados** donde a día de hoy no llega tendido eléctrico, y sin embargo tienen gasolineras… electrolineras, más allá de los países más desarrollados, **directamente nos olvidamos, ¿no?** Y cómo irá a estos pueblos **la gente de ciudad** con sus flamantes coches eléctricos a pasar unos días de vacaciones, **cómo cargarán sus coches en el pueblo**, ahora mismo lo que hacen es que llevan los depósitos llenos. Pues es curioso que la respuesta es **lo mismo** que les pasa ahora con la red GSM, Internet y electricidad, y es que **cuando van muchos de ciudad a los pueblos, la red eléctrica e internet empiezan a fallar**, la red GSM e internet se colapsa por estar infradimensionada, por los que podríamos llamar "PIXAWIFIS", haciendo coña con la expresión barcelonesa de "pixapins". **Imaginad a todos en sus casas del pueblo con un enchufe saliendo por la ventana cargando el coche eléctrico en verano**, cuando además, hace falta esa electricidad para climatizar la casa y que tengan luz todos los nuevos habitantes veraniegos. Pues ya sabemos **cómo serán** las electrolineras-hidrogeneras en los pueblos: **inexistentes** y en los países en desarrollo, como comentábamos al principio con los ejemplos concretos, más de lo mismo. En este vídeo del youtuber Pakiu 1787 se puede ver cómo **un coche eléctrico** de última generación **ha hecho saltar los plomos de la casa del pueblo** y al final, para **cargarlo**, les ha tocado usar **un grupo electrógeno de gasoil de 5.000 W**, que necesitará muchísima más energía de la que consumiría un coche a gasoil y emitirá mucho más CO_2, y por cierto, necesitará varios días para cargarlo.

Mercedes EQC 400 Cargado por Grupo Electrógeno. Pakiu 1787 vía YouTube.

Para acabar vamos al **presente, 2020**, tal vez en unos años casi todos los coches tendrán autonomías parecidas a las de los coches normales, pero a día de hoy, los coches eléctricos suelen tener una autonomía de entre

100 y 300 Km reales, y más reales aún si se tienen en cuenta, por ejemplo, las poblaciones de las que hemos hablado, que son de montaña y donde el consumo se dispara cuesta arriba. Pues bien, estos coches eléctricos **en estos pueblos, solo para ir y volver** a la ciudad donde hay electrolineras **pueden perder la mitad de la carga**, solo en el viaje de ida y vuelta, además, cuando vas a la ciudad es para cargar cosas, pues debes de adquirir casi todo en la ciudad, lo que incrementa el consumo. Conozco un caso con un Nissan Leaf donde el propietario va del pueblo a una estación de tren en las afueras de Valencia, usa el tren para ir al centro y vuelta a casa por las tardes, y siempre llega con el "depósito" casi vacío. Vamos a las **grandes ciudades**. Entonces hemos dicho que la inmensa mayoría del territorio estaría libre de electrolineras, de la misma forma que a día de hoy están libres de gasolineras. Y por otro lado, que donde podemos poner "fácilmente" electrolineras son zonas que **podrían ser** fácilmente **convertidas a zonas de uso de transporte público.** El "fácilmente" entrecomillado, porque la verdad es que, incluso para zonas industriales o de alta densidad poblacional, **conseguir más energía** de la red eléctrica estatal, es harto **complicado** (salvo que seas, por lo visto, zona turística), al menos en España. Y es que hace tiempo que **los estados saben que la "fiesta energética" se acaba**, y hay todo tipo de **estudios de zonas estratégicas** donde se podrá ampliar el tendido eléctrico y otras, que son la mayoría, donde no. Yo he vivido en primera persona el proceso de cómo ampliar la cantidad de electricidad y poner nuevas subestaciones en una zona industrial. Ha costado un par de décadas de lucha de los empresarios y políticos locales. Y esto pasa por no ser una de las zonas decididas por los **políticos nacionales** como prioritarias, independientemente de su riqueza o necesidad, pues **la importancia la deciden ellos de forma subjetiva, ya que los recursos son limitados.**

Imagen de Frauke Feind en Pixabay.

¿Vamos a rediseñar completamente toda la red eléctrica española para poder abastecer a las grandes ciudades y rutas comerciales, para poder seguir usando coches eléctricos y supuestos camiones eléctricos? Yo pienso que no, pero el tiempo dirá, es decir, es mucho más sencillo unificar todo ese transporte de mercancías y pasajeros en trenes, y rediseñar las redes ferroviarias, que invertir ingentes cantidades de dinero y recursos en tender decenas de miles de nuevas líneas para dar servicio a una tecnología, los coches eléctricos, que ni está siendo adoptada de forma masiva, ni realmente es rentable. Si los camiones o los autobuses eléctricos fuesen rentables, ya habríamos hecho el traspaso, así de claro. He conocido en mis charlas, a responsables de empresas de autobuses que no acaban de ver la solución al transporte de pasajeros más allá de las zonas controladas de una ciudad, donde mediante diferentes tipos de tecnologías se puede intentar mantener una red de transporte con vehículos rodados. No obstante, una y otra vez, en las ciudades se va imponiendo o se impondrá el uso de trolebuses, o tranvías y trenes en detrimento de los vehículos de combustión, siendo poco probable que usemos vehículos con baterías o hidrógeno, por la sencillez de una catenaria respecto al coste de baterías o la tecnología necesaria para producir y manejar hidrógeno. Pero para el transporte de media y larga distancia de pasajeros sin vehículos de combustión la opción más sensata es el tren. **Imaginad un autobús eléctrico cargando en una electrolinera... harían falta instalaciones muy, muy potentes, solo para un autobús.** Otro problema de las **electrolineras** (y de las hidrogeneras), al menos a día de hoy, es que al no cargar el coche en unos 5 minutos, como pasa con un llenado de depósito normal, **las colas** que se podrían formar en una electrolinera serían **de escándalo**, si todo el mundo tuviera un coche eléctrico. En el caso de las **hidrogeneras** es **algo parecido**, parece ser que después de cada repostaje de 5 minutos, el surtidor debe descansar para comprimir hidrógeno antes de realizar la siguiente descarga, con lo que al final, un surtidor sólo puede hacer unas 100 cargas al día, que son más de las que hace un cargador para coche eléctrico, pero son muchas menos de las 1.000 que puede hacer un solo surtidor de gasolina. (Fuente).

Una gasolinera normal con 4 surtidores puede, más o menos, abastecer a una buena cantidad de coches en un día. Para poder abastecer a la misma cantidad de coches eléctricos, teniendo en cuenta el tiempo de carga de uno, harían falta decenas de surtidores, incluso cientos para dar el mismo servicio. Como prueba de lo que digo, aquí podéis ver un vídeo donde 40 coches eléctricos hacen cola para cargar en una electrolinera, que no tiene pocos puntos de carga -como unos 20, comparadlo con los 4 de una gasolinera normal-, donde por ahora solo pueden repostar coches de una marca, los Tesla. Imaginad ese día, a esa hora, por esa carretera, a 100 Teslas, 100 Peugeots, 100 Renaults y 100 Fords... la electrolinera debería ser de 500 puestos solo para atender con colas de 2 horas a 1.000 o 2.000 coches. ¿Cuántos coches pasan por una carretera normalmente?

El mismo que hizo este vídeo, Steven M. Conroy, hizo otro al día siguiente mientras llovía, y ahí seguían los Tesla haciendo cola, lloviendo, con 20 puntos de recarga.

No olvidemos que son colas de coches de personas de clase media alta, pues el más barato puede costar unos 40.000€, que por cierto, poco a poco, estos sitios van a convertirse en sitios demasiado golosos para maleantes: tener a 100 **personas ricas haciendo cola** es muy tentador para el crimen, ¿qué apostamos a que pronto estos sitios tendrán **seguridad privada**?

Y esta es la realidad para unas cuantas decenas de coches eléctricos circulando, en España. **Por ahora no es problema**, pues apenas ves un Tesla a la semana por la calle. Los políticos de los ayuntamientos se llenan de buenas palabras al inaugurar una electrolinera en el pueblo, sí, incluso en los pueblos que os comentaba antes, eso sí, de las de poca potencia: se puede dejar el único enchufe público del pueblo ocupado por un Tesla de 100.000€, 6 horas cargando. Total, la mayoría del tiempo nadie lo usará. Aún recuerdo en Zabaldika, Pamplona, (hablo de este pueblo también en *El peor verano de mi vida, una historia real del cambio climático I, II y III*), en el albergue de las monjas, que con una ayuda europea pusieron un cargador para coche eléctrico. Les dieron una buena ayuda por ponerlo y supongo que Europa pagaría todo, incluso la luz durante cierto tiempo. La primera vez que pasé por allí funcionaba, no obstante pregunté a las monjas y nunca nadie lo había usado. Un año después volví a pasar y el enchufe ya no funcionaba, y unas mesas y trastos impedían que nadie aparcara allí el coche, es más, creo que ya estaban también el año anterior cuando funcionaba. Allí se quedó el cargador, vistiendo santos, nunca mejor dicho.

Y para acabar, volviendo a las ciudades y sus redes públicas de carga de coches eléctricos, fíjate que siempre que he visto alguno de estos puestos gratuitos para cargar, o había un Tesla de 100.000€ o un Jaguar, o un Volvo. Todos ellos supercoches, o en el mejor de los casos, estaba uno de estos de alquiler para ciudad aprovechando la carga gratis. Es decir, que **todos los ciudadanos estaban pagando la electricidad y el paseo en coche de lujo de los ricos de la zona**, porque como decíamos antes, una electrolinera de verdad requeriría de decenas sino de cientos de puestos, solo para atender a una pequeña cantidad de coches en unas horas concretas. En fin, y este ha sido mi primer artículo de *"Ni coches ni cochas"*. En este mundillo hay otros puntos de vista sobre el tema con argumentos parecidos o distintos, que recomiendo leer, como el del **blog de Antonio Turiel** que comenté antes, o los textos y vídeos de **Pedro Prieto** donde nos cuenta **cómo sería cargar el coche eléctrico en un barrio obrero**. Yo me he querido centrar en este artículo en las **electrolineras**. Desde mi particular punto de vista, que creo aporta algo al tema, pues muchas veces **los que hablan de estas cosas, están viviendo en ciudades y no ven la realidad de los pueblos.** Entre todos, no dudo que podamos poner en su sitio el futuro de los coches eléctricos y espero tener cosas que decir en un próximo artículo sobre el coche eléctrico, en *"NI COCHES NI COCHAS 2"*.

ACERCA DE

Felix Moreno Arranz

Estudió en la universidad Ing. de Telecomunicaciones y Grado en Ingeniería Informática, tuvo empresas pioneras en varios campos de internet, viajó por todo el mundo, vivió en España, Irlanda (Dublín) y Japón (Tokio), peregrinó una y otra vez por Europa, Asia y Oceanía, aprendió varios idiomas que le abrieron puertas de culturas, compartió puntos de vista, fundó y/o colaboró en varios movimientos sociales (como Graba tu Pleno, Estafa Electoral, Real Democracy Now Ireland, Cuentas Claras, 15M), fue concejal de una ciudad, montó un partido político, fue *troll* de internet, fue archivero digital, *gamer*, programador, jefe, empleado, autónomo, *youtuber*, *streamer*, emprendedor, empresario, comercial, hizo su propia red social y tuvo su propia empresa de videojuegos y aplicaciones para móviles, con su propia tienda de *apps* antes que de que existiera el Google Play o la Apple Store, hasta se inventó un idioma, el neokasteyano... ahora le dio por escribir cosas....

Al final, como todos, fue olvidado..

BIBLIOGRAFÍA

Recomiendo aunque esté feo decirlo mis libros de Relatos Colapsistas y Peak Memory, los puede comprar en www.relatoscolapsistas.com yademas...

- El contrato social, Jean-Jacques Rousseau.
- La caverna, José Saramago.
- Cosmos, Carl Sagan.
- El mundo y sus demonios, Carl Sagan.
- Ensayo sobre la ceguera, José Saramago.
- El nombre de la rosa, Umberto Eco.
- Microelectrónica, S. Gergely.
- Going Postal, Cartas en el asunto, Terry Pratchett.
- Contrapunto, Aldous Huxley.
- 1984, Geoge Orwell.
- El Quijote, Miguel de Cervantes.
- Las historias increíbles del más allá de Tule, Antonio Diógenes.
- Poema de Gilgamesh, Anónimo.
- El libro de los animales, Allí al-Jahiz

CONTACTO

- felix@felixmoreno.com
- https://twitter.com/FelixMorenolbi
- https://www.facebook.com/RelatosColapsistas/
- https://www.t.me/relatoscolapsistas

PÁGINAS WEB

- **Felix Moreno:** https://www.felixmoreno.com
- **Relatos Colapsistas:** https://www.relatoscolapsistas.com
- **Graba tu pleno:** https://www.grabatupleno.com
- **Estafa electoral:** https://www.estafaelectoral.com
- **Neokasteyano:** https://www.neokasteyano.com

"La Tierra es un escenario muy pequeño en la vasta arena cósmica. Piensa en los ríos de sangre vertida por todos esos generales y emperadores, para que, en gloria y triunfo, pudieran convertirse en amos momentáneos de una fracción de un punto" ... " Cuán frecuentes sus malentendidos, cuán ávidos están de matarse los unos a los otros, cómo de fervientes son sus odios. Nuestras posturas, nuestra importancia imaginaria, la ilusión de que ocupamos una posición privilegiada en el Universo... Todo eso es desafiado por este punto de luz pálida".

Carl Sagan, Cosmos.

Printed in Poland
by Amazon Fulfillment
Poland Sp. z o.o., Wrocław

70626403R00134